U0358687

全国科学技术名词审定委员会

公　布

科学技术名词·工程技术卷（全藏版）

44

自动化名词

CHINESE TERMS IN AUTOMATION

自动化名词审定委员会

国家自然科学基金资助项目

科学出版社

北京

内 容 简 介

本书是全国科学技术名词审定委员会审定公布的自动化名词。全文分通类，控制理论，系统，控制技术，模式识别、智能控制与机器人，经济控制与生物控制论等六大部分，共1899条。这些名词均系科研、教学、生产、经营以及新闻出版等部门使用的自动化学科规范词。

图书在版编目(CIP)数据

科学技术名词. 工程技术卷：全藏版 / 全国科学技术名词审定委员会审定. —北京：科学出版社，2016.01

ISBN 978-7-03-046873-4

I. ①科… II. ①全… III. ①科学技术–名词术语 ②工程技术–名词术语 IV. ①N-61 ②TB-61

中国版本图书馆 CIP 数据核字(2015)第 307218 号

责任编辑：卢慧筠 张继英 / 责任校对：陈玉凤

责任印制：张 伟 / 封面设计：铭轩堂

科学出版社 出版

北京东黄城根北街 16 号

邮政编码：100717

http://www.sciencep.com

北京厚诚则铭印刷科技有限公司印刷

科学出版社发行 各地新华书店经销

*

2016年1月第 一 版 开本：787×1092 1/16

2016年1月第一次印刷 印张：8 1/2

字数：182 000

定价：7800.00 元(全 44 册)

(如有印装质量问题，我社负责调换)

全国自然科学名词审定委员会
第二届委员会委员名单

主　任：钱三强

副主任：章　综　马俊如　王冀生　林振申　胡兆森
鲁绍曾　刘　杲　苏世生　黄昭厚

委　员（以下按姓氏笔画为序）：

马大猷　马少梅　王大珩　王子平　王平宇
王民生　王伏雄　王树岐　石元春　叶式辉
叶连俊　叶笃正　叶蜚声　田方增　朱弘复
朱照宣　任新民　庄孝德　李正理　李茂深
李　竞　杨　凯　杨泰俊　吴大任　吴中伦
吴凤鸣　吴本玠　吴传钧　吴阶平　吴　青
吴钟灵　吴鸿适　宋大祥　张光斗　张青莲
张　伟　张钦楠　张致一　阿不力孜・牙克夫
陈鉴远　范维唐　林盛然　季文美　周明镇
周定国　郑作新　赵凯华　侯祥麟　姚贤良
钱伟长　钱临照　徐士珩　徐乾清　翁心植
席泽宗　谈家桢　梅镇彤　黄成就　黄胜年
康文德　章基嘉　梁晓天　程开甲　程光胜
程裕淇　傅承义　曾呈奎　蓝　天　豪斯巴雅尔
潘际銮　魏佑海

自动化名词审定委员会委员名单

顾　问：杨嘉墀　蔡昌年　疏松桂　王发庆　郑维敏

主　任：王子平

副主任：万百五　薛景瑄　凌惟侯

委　员（按姓氏笔画为序）：

刘士中　何善堉　沈安俊　张忆淑　张珍霖

张朝池　邵志勇　林来兴　易允文　侯　军

夏绍玮　涂序彦　谈大龙　黄秉宪　曹雅君

龚为珽　梁天培　蒋慰荪　曾癸铨　戴汝为

秘　书：王树武　杨若黎　范瑞霞

序

科技名词术语是科学概念的语言符号。人类在推动科学技术向前发展的历史长河中，同时产生和发展了各种科技名词术语，作为思想和认识交流的工具，进而推动科学技术的发展。

我国是一个历史悠久的文明古国，在科技史上谱写过光辉篇章。中国科技名词术语，以汉语为主导，经过了几千年的演化和发展，在语言形式和结构上体现了我国语言文字的特点和规律，简明扼要，蓄意深切。我国古代的科学著作，如已被译为英、德、法、俄、日等文字的《本草纲目》、《天工开物》等，包含大量科技名词术语。从元、明以后，开始翻译西方科技著作，创译了大批科技名词术语，为传播科学知识，发展我国的科学技术起到了积极作用。

统一科技名词术语是一个国家发展科学技术所必须具备的基础条件之一。世界经济发达国家都十分关心和重视科技名词术语的统一。我国早在1909年就成立了科技名词编订馆，后又于1919年中国科学社成立了科学名词审定委员会，1928年大学院成立了译名统一委员会。1932年成立了国立编译馆，在当时教育部主持下先后拟订和审查了各学科的名词草案。

新中国成立后，国家决定在政务院文化教育委员会下，设立学术名词统一工作委员会，郭沫若任主任委员。委员会分设自然科学、社会科学、医药卫生、艺术科学和时事名词五大组，聘任了各专业著名科学家、专家，审定和出版了一批科学名词，为新中国成立后的科学技术的交流和发展起到了重要作用。后来，由于历史的原因，这一重要工作陷于停顿。

当今，世界科学技术迅速发展，新学科、新概念、新理论、新方法不断涌现，相应地出现了大批新的科技名词术语。统一科技名词术语，对科学知识的传播，新学科的开拓，新理论的建立，国内外科技交流，学科和行业之间的沟通，科技成果的推广、应用和生产技术的发展，科技图书文献的编纂、出版和检索，科技情报的传递等方面，都是不可缺少的。特别是计算机技术的推广使用，对统一科技名词术语提出了更紧迫的要求。

为适应这种新形势的需要，经国务院批准，1985年4月正式成立了全国自然科学名词审定委员会。委员会的任务是确定工作方针，拟定科技名词术语审定工作计划、实施方案和步骤，组织审定自然科学各学科名词术语，并予以公布。根据国务院授权，委员会审定公布的名词术语，科研、教学、生产、经营、以及新闻出版等各部门，均应遵照使用。

全国自然科学名词审定委员会由中国科学院、国家科学技术委员会、国家教育委员会、中国科学技术协会、国家技术监督局、国家新闻出版署、国家自然科学基金委员会分别委派了正、副主任，担任领导工作。在中国科协各专业学会密切配合下，逐步建立各专业审定分委员会，并已建立起一支由各学科著名专家、学者组成的近千人的审定队伍，负责审定本学科的名词术语。我国的名词审定工作进入了一个新的阶段。

这次名词术语审定工作是对科学概念进行汉语订名，同时附以相应的英文名称，既有我国语言特色，又方便国内外科技交流。通过实践，初步摸索了具有我国特色的科技名词术语审定的原则与方法，以及名词术语的学科分类、相关概念等问题，并开始探讨当代术语学的理论和方法，以期逐步建立起符合我国语言规律的自然科学名词术语体系。

统一我国的科技名词术语，是一项繁重的任务，它既是一项专业性很强的学术性工作，又是一项涉及亿万人使用的实际问题。审定工作中我们要认真处理好科学性、系统性和通俗性之间的关系；主科与副科间的关系；学科间交叉名词术语的协调一致；专家集中审定与广泛听取意见等问题。

汉语是世界五分之一人口使用的语言，也是联合国的工作语言之一。除我国外，世界上还有一些国家和地区使用汉语，或使用与汉语关系密切的语言。做好我国的科技名词术语统一工作，为今后对外科技交流创造了更好的条件，使我炎黄子孙，在世界科技进步中发挥更大的作用，作出重要的贡献。

统一我国科技名词术语需要较长的时间和过程，随着科学技术的不断发展，科技名词术语的审定工作，需要不断地发展、补充和完善。我们将本着实事求是的原则，严谨的科学态度作好审定工作，成熟一批公布一批，提供各界使用。我们特别希望得到科技界、教育界、经济界、文化界、新闻出版界等各方面同志的关心、支持和帮助，共同为早日实现我国科技名词术语的统一和规范化而努力。

全国自然科学名词审定委员会主任

钱　三　强

1990 年 2 月

前　　言

自动化名词术语的审定和统一，对推动我国自动化这一新兴学科的发展，无疑是一件非常有意义的基础性工作。

长期以来，国内所使用的自动化名词，大都从国外书刊译出，比较混乱，对本学科的教学、科研、生产、国内外科技交流、图书文献的出版和检索等，均带来了诸多不利的影响。特别是近三十年来，自动化学科又有了很大发展，出现了不少新的分支，产生了大量新名词。因此，我国自动化名词的审定和统一，是一件十分迫切的重要工作。

中国自动化学会自动化名词工作委员会，于 1986 年 4 月受全国自然科学名词审定委员会(以下简称全国委员会)的委托，组成了自动化名词审定委员会，开始了对我国自动化名词的审定工作。

根据全国委员会制定的“自然科学名词审定的原则和方法”，自动化名词审定委员会力求从科学概念出发，以汉文名为主，对本学科的基本词进行审定，并附以对应的英文名；贯彻一词一义的原则；贯彻定名的科学性、系统性、简明通俗性及约定俗成的原则；对概念易混淆的某些词和新词，给予简明的注释；与推荐名具有相同概念的某些重要异名，在注释栏中分别冠以“简称”、“又称”或“曾用名”。

遵照以上原则，对过去沿用比较混乱的词，在这次审定中确定了规范名。例如，对于“鲁棒性”(robustness)一词，汉文尚有“粗壮性”、“健壮性”、“强壮性”和“稳健性”等多个异名。这次定为“鲁棒性”，既与英文读音相近，而且在国内自动化界使用已较为广泛。

又如，与英文“impulse”有关的某些复合词，原大都沿用“脉冲”二字，与有一定宽度的“脉冲”(pulse)在意义上有所混淆。这次审定时，从概念出发，将“impulse function”定名为“冲激函数”(即 δ 函数)。其它相应的定名有“冲激响应(impulse response)”、“冲激响应矩阵(impulse response matrix)”等。

凡外国人名，一般按有关统一规范定名。个别译名由于沿用已久，约定俗成，则不再作变更。

对近年来新出现的某些名词,均依据上述诸原则进行了审定。如“机器人”部分中的“位姿”(pose)，“大系统理论”中的“解裂”(disaggregation)以及“控制理论”中的“积分饱卷”(integral windup)、“抗积分饱卷”(anti-integral windup)等。“智能控制”中的 ergonomics，由于它是覆盖多个学科的基本词，而国内中文定名相当杂乱，自动化名词审定委员会经过多次研究、讨论，并在全国委员会办公室的组织下，与多个有关学科共同商讨，确定为“工效学”，同时给出了简明的定义性说明。

由于自动化学科分支较多，而审定委员会的力量有限，审定工作的经验又不足，故首批审定的词条仅限于本学科常用的部分基本词，今后还将对其它词条陆续补充审定。

四年来，本届审定委员会在全国委员会及中国自动化学会的领导下，前后召开了四次全体委员会，两次在京委员会及多次小型会议，并将初稿大量印发国内自动化界有关专家、学者，广泛征求意见，反复磋商、推敲，于 1989 年 10 月完成了本批词条的三审稿并上报全国委员会。杨嘉墀、疏松桂、王发庆、郑维敏四位教授受全国委员会的委托，于 1990 年 4 月又对本批词条进行复审，提出了许多宝贵意见。自动化名词审定委员会对他们的意见经过认真讨论，再次对词条进行了修改。现经全国委员会批准，予以公布。

本批公布的名词共 1899 条，划分为 6 个部分，这主要是为了便于审定、检索和查阅，并非严谨的科学分类。

在四年的审定工作中，既汲取了前人的成果，又得到了国内自动化界及有关学科的专家、学者的帮助和指导，还得到了中国自动化学会各专业委员会、工作委员会的热情支持，他们都提出了许多有益的意见和建议，在此我们表示衷心的感谢。希望读者在使用过程中继续提出意见，以便再版时补充、修订。

谨以此献给中国自动化学会成立三十周年。

自动化名词审定委员会

1990 年 4 月

编 排 说 明

一、本批公布的名词是自动化学科的基本词。

二、全部词条按学科概念体系分两个层次编排，共有六大部分，14小节。

三、各部分的词条大致按相关概念顺序排列，在每个汉文词条后均附有对应的英文词。

四、一个汉文词可对应几个英文同义词时，一般只取最常用的两个词，并用逗号分开。

五、对新词和概念易混淆的词，附有简明的注释。

六、“简称”、“又称”、“曾用名”列在注释栏内；“又称”为不推荐用名，“曾用名”为淘汰名。

七、条目中[ ]内的字是可省略部分。

八、英文词第一个字母大、小写均可时，一律小写。英文词除必须用复数形式外，一般均用单数形式。

九、书末附有英、汉文索引，索引中的号码为该词条在正文中的序码。索引中带“*”者为注释栏内的条目。

目　　录

序 …………………………………………………………………… i
前言 ………………………………………………………………… iii
编排说明 …………………………………………………………… v

正文
01. 通类 ……………………………………………………………… 1
02. 控制理论 ………………………………………………………… 6
02.1 经典控制理论 ………………………………………………… 6
02.2 现代控制理论 ………………………………………………… 12
03. 系统 ……………………………………………………………… 16
03.1 大系统 ………………………………………………………… 16
03.2 系统工程 ……………………………………………………… 22
04. 控制技术 ………………………………………………………… 27
04.1 过程控制与仪表 ……………………………………………… 27
04.2 计算机应用 …………………………………………………… 34
04.3 电气自动化 …………………………………………………… 39
04.4 空间运动体控制 ……………………………………………… 41
04.5 仿真 …………………………………………………………… 45
05. 模式识别、智能控制与机器人 ………………………………… 50
05.1 模式识别与智能控制 ………………………………………… 50
05.2 机器人 ………………………………………………………… 54
06. 经济控制与生物控制论 ………………………………………… 56
06.1 经济控制 ……………………………………………………… 56
06.2 生物控制论 …………………………………………………… 59

附录
英汉索引 …………………………………………………………… 61
汉英索引 …………………………………………………………… 93

01. 通　　类

序码	汉文名	英文名	注　释
01.001	自动控制	automatic control	
01.002	控制工程	control engineering	
01.003	系统	system	
01.004	自动化	automation	
01.005	半自动化	semi-automation	
01.006	控制技术	control technique	
01.007	控制论	cybernetics	
01.008	工程控制论	engineering cybernetics	
01.009	控制理论	control theory	
01.010	系统理论	system theory	
01.011	一般系统理论	general system theory	
01.012	线性控制系统理论	linear control system theory	
01.013	非线性控制系统理论	nonlinear control system theory	
01.014	经典控制理论	classical control theory	
01.015	现代控制理论	modern control theory	
01.016	随机控制理论	stochastic control theory	
01.017	最优控制理论	optimal control theory	
01.018	开环控制	open loop control	
01.019	闭环控制	closed loop control	
01.020	复合控制	compound control	
01.021	连续控制	continuous control	
01.022	不连续控制	discontinuous control	
01.023	误差控制	error control	
01.024	偏差控制	deviation control	
01.025	单回路控制	single loop control	
01.026	多回路控制	multiloop control	
01.027	通断控制	on-off control	
01.028	前馈控制	feedforward control	
01.029	反馈控制	feedback control	
01.030	比例控制	proportional control	
01.031	积分控制	integral control	
01.032	积分饱卷	integral windup	由于积分控制器过

序码	汉文名	英文名	注释
			饱和，使积分作用停止的现象。
01.033	抗积分饱卷	anti-integral windup	为避免积分饱卷现象而采取的措施。
01.034	微分控制	derivative control	
01.035	比例积分控制	proportional plus integral control, PI control	
01.036	比例微分控制	proportional plus derivative control, PD control	
01.037	比例积分微分控制	proportional plus integral plus derivative control, PID control	
01.038	动态控制	dynamic control	
01.039	采样控制	sampling control, sampled data control	
01.040	脉冲控制	pulse control	
01.041	模拟控制	analog control	
01.042	数字控制	digital control	
01.043	定值控制	fixed set point control	
01.044	伺服控制	servo control	又称"随动控制"。
01.045	自动控制系统	automatic control system	
01.046	连续控制系统	continuous control system	
01.047	不连续控制系统	discontinuous control system	
01.048	离散控制系统	discrete control system	
01.049	数字控制系统	digital control system	
01.050	线性控制系统	linear control system	
01.051	非线性控制系统	nonlinear control system	
01.052	确定性控制系统	deterministic control system	
01.053	非确定性控制系统	nondeterministic control system	
01.054	随机控制系统	stochastic control system	
01.055	过程控制系统	process control system	
01.056	调速系统	speed control system	
01.057	伺服系统	servo [system]	又称"随动系统"。
01.058	最优控制系统	optimal control system	
01.059	时变系统	time-varying system	
01.060	定常系统	time-invariant system	又称"非时变系统"。

序码	汉文名	英文名	注释
01.061	线性时变控制系统	linear time–varying control system	
01.062	线性定常控制系统	linear time–invariant control system	
01.063	单变量控制系统	single variable control system	又称“单输入单输出控制系统(single input single output control system, SISO)”。
01.064	多变量控制系统	multivariable control system	又称“多输入多输出控制系统(multi–input multi–output control system, MIMO)”。
01.065	集总参数控制系统	lumped parameter control system	又称“集中参数控制系统”。
01.066	分布参数控制系统	distributed parameter control system	
01.067	单回路控制系统	single loop control system	
01.068	多回路控制系统	multiloop control system	
01.069	变结构控制系统	variable structure control system	
01.070	时滞系统	time delay system	
01.071	模拟系统	analog system	
01.072	数字系统	digital system	
01.073	开环控制系统	open loop control system	
01.074	闭环控制系统	closed loop control system	
01.075	0 型系统	type 0 system	
01.076	1 型系统	type 1 system	
01.077	2 型系统	type 2 system	
01.078	最小相位系统	minimum phase system	
01.079	非最小相位系统	nonminimum phase system	
01.080	双线性系统	bilinear system	
01.081	原系统	original system	
01.082	伴随系统	adjoint system	
01.083	控制对象	[controlled] plant	又称“被控对象”。
01.084	线性环节	linear element	
01.085	非线性环节	nonlinear element	
01.086	反馈环节	feedback element	
01.087	放大环节	amplifying element	

序码	汉文名	英文名	注释
01.088	惯性环节	inertial element	
01.089	积分环节	integration element	又称“滞后环节”。
01.090	微分环节	differentiation element	又称“超前环节”。
01.091	振荡环节	oscillating element	
01.092	比较环节	comparing element	
01.093	非线性	nonlinearity	
01.094	固有非线性	inherent nonlinearity	
01.095	单值非线性	single value nonlinearity	
01.096	非单值非线性	non-single value nonlinearity	
01.097	非线性特性	nonlinear characteristics	
01.098	死区	dead band, dead zone	
01.099	饱和特性	saturation characteristics	
01.100	间隙特性	backlash characteristics	
01.101	可变增益	variable gain	又称“可变放大系数”。
01.102	继电[器]特性	relay characteristics	
01.103	极限环	limit cycle	
01.104	闭环	closed loop	
01.105	开环	open loop	
01.106	主回路	major loop	
01.107	副回路	minor loop	又称“小回路”。
01.108	正向通路	forward path	
01.109	反馈	feedback	
01.110	正反馈	positive feedback	
01.111	负反馈	negative feedback	
01.112	主反馈	primary feedback	
01.113	反馈回路	feedback loop	
01.114	单位反馈	unit feedback	
01.115	局部反馈	local feedback	
01.116	输出反馈	output feedback	
01.117	速度反馈	velocity feedback	
01.118	加速度反馈	acceleration feedback	
01.119	位置反馈	position feedback	
01.120	微分反馈	derivative feedback	
01.121	积分反馈	integral feedback	
01.122	固有反馈	inherent feedback	
01.123	前馈	feedforward	

序码	汉文名	英文名	注　释
01.124	前馈通路	feedforward path	
01.125	控制回路	control loop	
01.126	控制变量	control variable	
01.127	被控变量	controlled variable	又称“受控变量”。
01.128	设定值	set [point] value	
01.129	输入[信号]	input [signal]	
01.130	输入向量	input vector	又称“输入矢量”。
01.131	输出[信号]	output [signal]	
01.132	输出向量	output vector	又称“输出矢量”。
01.133	偏差信号	deviation signal	
01.134	误差信号	error signal	
01.135	反馈信号	feedback signal	
01.136	模拟信号	analog signal	
01.137	数字信号	digital signal	
01.138	过渡过程	transient process	
01.139	测试信号	test signal	
01.140	冲激函数	impulse function	曾用名“脉冲函数”。
01.141	阶跃函数	step function	
01.142	单位阶跃函数	unit step function	
01.143	斜坡函数	ramp function	
01.144	加速度函数	acceleration function	
01.145	多项式输入	polynomial input	
01.146	脉冲序列	pulse sequence	
01.147	脉冲持续时间	pulse duration	
01.148	动态特性	dynamic characteristics	
01.149	静态特性	static characteristics	
01.150	响应曲线	response curve	
01.151	动态响应	dynamic response	
01.152	稳态响应	steady state response	
01.153	冲激响应	impulse response	
01.154	阶跃响应	step response	
01.155	斜坡响应	ramp response	
01.156	自持振荡	sustained oscillation	
01.157	隐蔽振荡	hidden oscillation	
01.158	稳态	steady state	
01.159	稳态值	steady state value	
01.160	频率响应	frequency response	

序码	汉文名	英文名	注释
01.161	频率响应特性	frequency response characteristics	
01.162	幅值响应	amplitude response	
01.163	相位响应	phase response	
01.164	零输入响应	zero-input response	
01.165	零状态响应	zero-state response	
01.166	控制律	control law	
01.167	控制信号	control signal	
01.168	扰动	disturbance	
01.169	外扰	external disturbance	
01.170	内扰	internal disturbance	
01.171	噪声电平	noise level	
01.172	强迫振荡	forced oscillation	
01.173	采样脉冲	sampling pulse	
01.174	量化噪声	quantized noise	
01.175	模糊信息	fuzzy information	
01.176	随机过程	random process	
01.177	随机信号	random signal	
01.178	随机噪声	random noise	
01.179	随机扰动	random disturbance	
01.180	平稳随机过程	stationary random process	
01.181	非平稳随机过程	non-stationary random process	
01.182	白噪声	white noise	

02. 控制理论

序码	汉文名	英文名	注释

02.1 经典控制理论

02.001	数学模型	mathematical model	
02.002	系统模型	system model	
02.003	系统参数	system parameter	
02.004	时变参数	time-varying parameter	
02.005	拉普拉斯变换	Laplace transform	
02.006	z 变换	z-transform	
02.007	逆 z 变换	inverse z-transform	

序 码	汉 文 名	英 文 名	注 释
02.008	单位圆	unit circle	
02.009	时域	time domain	
02.010	s 域	s–domain	
02.011	z 域	z–domain	
02.012	z 平面	z–plane	
02.013	w 平面	w–plane	
02.014	频域	frequency domain	
02.015	传递函数	transfer function	
02.016	传递函数矩阵	transfer function matrix	
02.017	误差传递函数	error transfer function	
02.018	z [变换]传递函数	z–transfer function	
02.019	零点	zero	
02.020	极点	pole	
02.021	主导极点	dominant pole	
02.022	零极点分布	pole–zero location	
02.023	附加零点	additional zero	
02.024	附加极点	additional pole	
02.025	闭环传递函数	closed loop transfer function	
02.026	闭环增益	closed loop gain	
02.027	闭环零点	closed loop zero	
02.028	闭环极点	closed loop pole	
02.029	开环传递函数	open loop transfer function	
02.030	开环增益	open loop gain	
02.031	开环零点	open loop zero	
02.032	开环极点	open loop pole	
02.033	线性化模型	linearized model	
02.034	非线性模型	nonlinear model	
02.035	线性化方法	linearization technique	
02.036	框图	block diagram	
02.037	信号流[程]图	signal flow diagram	
02.038	梅森增益公式	Mason's gain formula	
02.039	拓扑结构	topological structure	
02.040	时间常数	time constant	
02.041	欠阻尼	underdamping	
02.042	过阻尼	overdamping	
02.043	阻尼频率	damped frequency	
02.044	阻尼常数	damping constant	

序码	汉文名	英文名	注释
02.045	阻尼比	damping ratio	
02.046	阻尼作用	damping action	
02.047	阻尼振荡	damped oscillation	
02.048	临界阻尼	critical damping	
02.049	粘性阻尼	viscous damping	
02.050	传输延迟	transport lag	
02.051	时延	time delay	
02.052	比例增益	proportional gain	
02.053	反馈增益	feedback gain	
02.054	上升时间	rise time	
02.055	峰值时间	peak time	
02.056	过渡过程时间	settling time, transient time	
02.057	最大超调[量]	maximum overshoot	
02.058	振荡次数	number of oscillations	
02.059	振荡周期	oscillating period	
02.060	响应时间	response time	
02.061	延迟时间	delay time	简称“延时”。
02.062	最大允许偏差	maximum allowed deviation	
02.063	积分性能准则	integral performance criterion	
02.064	平方误差积分准则	integral of squared error criterion	
02.065	时间乘平方误差积分准则	integral of time multiplied by squared error criterion	
02.066	绝对误差积分准则	integral of absolute value of error criterion	
02.067	时间乘绝对误差积分准则	integral of time multiplied by the absolute value of error criterion	
02.068	时间乘误差积分准则	integral of time multiplied by the error criterion	
02.069	均方误差准则	mean-square error criterion	
02.070	稳定裕度	stability margin	又称“稳定裕量”。
02.071	幅值裕度	magnitude margin	又称“幅值裕量”。
02.072	相位裕度	phase margin	又称“相位裕量”。
02.073	希望特性	expected characteristics	
02.074	静态精确度	static accuracy	
02.075	系统灵敏度	system sensitivity	

序码	汉文名	英文名	注释
02.076	希望值	desired value, expected value	
02.077	二次型性能指标	quadratic performance index	
02.078	误差	error	
02.079	系统误差	system error	
02.080	动态误差	dynamic error	
02.081	稳态误差	steady state error	
02.082	瞬态误差	transient error	
02.083	跟踪误差	tracking error	
02.084	输出误差	output error	
02.085	积累误差	accumulated error	
02.086	容许误差	admissible error	
02.087	位置误差	position error	
02.088	速度误差	velocity error	
02.089	加速度误差	acceleration error	
02.090	误差系数	error coefficient	
02.091	动态误差系数	dynamic error coefficient	
02.092	稳态误差系数	steady state error coefficient	
02.093	位置误差系数	position error coefficient	
02.094	速度误差系数	velocity error coefficient	
02.095	加速度误差系数	acceleration error coefficient	
02.096	偏差	deviation	
02.097	动态偏差	dynamic deviation	
02.098	瞬态偏差	transient deviation	
02.099	稳态偏差	steady state deviation	
02.100	初始偏差	initial deviation	
02.101	量化误差	quantized error	
02.102	稳定性分析	stability analysis	
02.103	稳定性	stability	
02.104	不稳定性	instability	
02.105	平衡点	equilibrium point	
02.106	稳定系统	stable system	
02.107	条件稳定系统	conditionally stable system	
02.108	稳定性理论	stability theory	
02.109	稳定域	stable region	
02.110	稳定[性]条件	stability condition	
02.111	稳定[性]极限	stability limit	
02.112	绝对稳定性	absolute stability	

序码	汉文名	英文名	注释
02.113	相对稳定性	relative stability	
02.114	条件稳定性	conditional stability	
02.115	条件不稳定性	conditional instability	
02.116	固有稳定性	inherent stability	
02.117	固有不稳定性	inherent instability	
02.118	闭环稳定性	closed loop stability	
02.119	渐近稳定性	asymptotic stability	
02.120	李雅普诺夫稳定性	Lyapunov stability	即李雅普诺夫意义的稳定性。
02.121	局部稳定性	local stability	
02.122	低速稳定性	low speed stability	
02.123	临界稳定性	critical stability	
02.124	临界稳定状态	critical stable state	
02.125	可稳性	stabilizability	又称“能稳性”。
02.126	稳定[性]判据	stability criterion	又称“稳定[性]准则”。
02.127	劳思稳定判据	Routh stability criterion	
02.128	赫尔维茨稳定判据	Hurwitz's stability criterion	
02.129	奈奎斯特稳定判据	Nyquist stability criterion	
02.130	李雅普诺夫直接法	Lyapunov direct method	
02.131	李雅普诺夫间接法	Lyapunov indirect method	
02.132	鲁里叶方法	Lur'e method	
02.133	平衡状态	equilibrium state	
02.134	一致稳定性	uniform stability	
02.135	一致渐近稳定性	uniformly asymptotic stability	
02.136	局部渐近稳定性	local asymptotic stability	
02.137	全局渐近稳定性	global asymptotic stability	
02.138	输入输出稳定性	input-output stability	
02.139	结构稳定性	structural stability	
02.140	李雅普诺夫稳定性定理	Lyapunov theorem of stability	
02.141	李雅普诺夫不稳定性定理	Lyapunov theorem of instability	

序码	汉文名	英文名	注释
02.142	李雅普诺夫渐近稳定性定理	Lyapunov theorem of asymptotic stability	
02.143	超稳定性	hyperstability	
02.144	控制系统分析	control system analysis	
02.145	控制系统设计	control system design	
02.146	控制系统综合	control system synthesis	
02.147	线性化	linearization	
02.148	准线性特性	quasilinear characteristics	
02.149	固有调节	inherent regulation	
02.150	频域分析	frequency domain analysis	
02.151	时域分析	time domain analysis	
02.152	频域法	frequency domain method	
02.153	时域法	time domain method	
02.154	相位超前	phase lead	
02.155	相位滞后	phase lag	
02.156	补偿	compensation	又称“校正”。
02.157	反馈补偿	feedback compensation	
02.158	前馈补偿	feedforward compensation	
02.159	补偿网络	compensating network	
02.160	串联补偿	cascade compensation	
02.161	滞后补偿	lag compensation	
02.162	超前补偿	lead compensation	
02.163	滞后超前补偿	lag-lead compensation	
02.164	切换点	switching point	
02.165	切换时间	switching time	
02.166	统计特性	statistic characteristics	
02.167	系统统计分析	system statistical analysis	
02.168	频带	frequency band	
02.169	主频区	primary frequency zone	
02.170	转折频率	corner frequency	
02.171	截止频率	cut-off frequency	
02.172	穿越频率	cross-over frequency	又称“交越频率”。
02.173	相频特性	phase-frequency characteristics	
02.174	幅频特性	magnitude-frequency characteristics, amplitude-frequency characteristics	
02.175	幅相特性	magnitude-phase characteristics	

序码	汉文名	英文名	注释
02.176	对数相频特性	log phase-frequency characteristics	
02.177	对数幅频特性	log magnitude-frequency characteristics	
02.178	伯德图	Bode diagram	
02.179	对数幅相图	log magnitude-phase diagram	
02.180	尼科尔斯图	Nichols chart	
02.181	奈奎斯特图	Nyquist diagram	
02.182	逆奈奎斯特图	inverse Nyquist diagram	
02.183	根轨迹	root locus	
02.184	根轨迹法	root locus method	
02.185	描述函数	describing function	
02.186	相平面	phase plane	
02.187	相轨迹	phase locus, phase trajectory	
02.188	相空间	phase space	
02.189	相变量	phase variable	
02.190	相平面图	phase plane portrait	
02.191	采样值	sampling value	
02.192	惠特克-香农采样定理	Whittaker-Shannon sampling theorem	
02.193	调节	regulation	
02.194	跟踪控制	tracking control	
02.195	数字反馈系统	digital feedback system	
02.196	采样控制系统	sampling control system, sampled-data control system	
02.197	采样信号	sampled signal	
02.198	采样数据	sampled data	
02.199	采样系统	sampling system, sampled-data system	
02.200	采样频率	sampling frequency	
02.201	采样误差	sampling error	
02.202	采样周期	sampling period	又称“采样间隔(sampling interval)”。

02.2 现代控制理论

02.203	状态	state	
02.204	系统状态	system state	

序码	汉文名	英文名	注释
02.205	状态约束	state constraint	
02.206	初[始状]态	initial state	
02.207	终态	final state	
02.208	状态图	state diagram	
02.209	状态轨迹	state trajectory	
02.210	状态空间	state space	
02.211	状态空间描述	state space description	
02.212	状态空间法	state space method	
02.213	状态变量	state variable	
02.214	状态变量变换	transformation of state variable	
02.215	规范化状态变量	canonical state variable	
02.216	状态方程	state equation	
02.217	系数矩阵	coefficient matrix	
02.218	输入矩阵	input matrix	
02.219	输出方程	output equation	
02.220	输出矩阵	output matrix	
02.221	状态向量	state vector	
02.222	系统矩阵	system matrix	
02.223	状态转移矩阵	state transition matrix	
02.224	动态反馈矩阵	dynamic feedback matrix	
02.225	变换矩阵	transformation matrix	
02.226	相伴矩阵	companion matrix	
02.227	冲激响应矩阵	impulse response matrix	
02.228	[返]回差矩阵	return difference matrix	
02.229	[返]回比矩阵	return ratio matrix	
02.230	特征轨迹	characteristic locus	
02.231	[加]权矩阵	weighting matrix	
02.232	[加]权因子	weighting factor	
02.233	[加]权函数	weighting function	
02.234	伴随算子	adjoint operator	
02.235	时域矩阵	time domain matrix	
02.236	时域矩阵法	time domain matrix method	
02.237	可变增益法	variable gain method	
02.238	对偶原理	dual principle	
02.239	内模原理	internal model principle	
02.240	最小实现	minimal realization	
02.241	零极点相消	pole–zero cancellation	

序码	汉文名	英文名	注释
02.242	极点配置	pole assignment	
02.243	状态反馈	state feedback	
02.244	观测器	observer	
02.245	状态观测器	state observer	
02.246	全阶观测器	full order observer	
02.247	降阶观测器	reduced order observer	
02.248	镇定网络	stabilizing network	
02.249	状态估计	state estimation	
02.250	可实现性	realizability	又称“能实现性”。
02.251	可观测性	observability	又称“能观测性”。
02.252	完全可观测性	complete observability	又称“完全能观测性”。
02.253	可观测规范型	observable canonical form	又称“能观测规范型”。
02.254	可观测指数	observability index	又称“能观测指数”。
02.255	可观测性矩阵	observability matrix	又称“能观测性矩阵”。
02.256	可控性	controllability	又称“能控性”。
02.257	完全可控性	complete controllability	又称“完全能控性”。
02.258	可控规范型	controllable canonical form	又称“能控规范型”。
02.259	可控指数	controllability index	又称“能控指数”。
02.260	可控性矩阵	controllability matrix	又称“能控性矩阵”。
02.261	可检测性	detectability	又称“能检测性”。
02.262	可辨识性	identifiability	又称“能辨识性”。
02.263	可达性	reachability	又称“能达性”。
02.264	可达状态	reachable state	又称“能达状态”。
02.265	可达集	reachable set	又称“能达集”。
02.266	最优控制	optimal control	
02.267	自寻优系统	self-optimizing system	
02.268	[最]优化	optimization	
02.269	系统[最]优化	system optimization	
02.270	最优控制律	optimal control law	
02.271	最优性原理	optimality principle	
02.272	极大值原理	maximum principle	又称“最大值原理”。
02.273	最优轨迹	optimal trajectory	
02.274	线性最优控制系统	linear optimal control system	

序码	汉文名	英文名	注释
02.275	线性二次型高斯问题	linear quadratic Gaussian problem, LQG	
02.276	线性二次型调节器问题	linear quadratic regulator problem, LQR	
02.277	初始条件	initial condition	
02.278	约束条件	constraint condition	
02.279	目标函数	objective function	
02.280	时间最优控制	time optimal control	
02.281	终端控制	terminal control	
02.282	边界控制	boundary control	
02.283	线性调节器	linear regulator	
02.284	扰动解耦	disturbance decoupling	
02.285	扰动补偿	disturbance compensation	
02.286	模糊控制	fuzzy control	
02.287	模糊控制器	fuzzy controller	
02.288	伪随机序列	pseudo random sequence	
02.289	鲁棒性	robustness	
02.290	鲁棒控制	robust control	
02.291	鲁棒控制器	robust controller	
02.292	最经济控制	most economic control, MEC	
02.293	最经济控制理论	most economic control theory	
02.294	最经济观测	most economic observing, MEO	
02.295	最经济观测理论	most economic observing theory	
02.296	预测控制	predictive control	
02.297	系统辨识	system identification	
02.298	参数估计	parameter estimation	
02.299	最大似然估计	maximum likelihood estimation	
02.300	最小方差估计	minimum variance estimation	
02.301	最小二乘估计	least squares estimation	
02.302	序贯最小二乘估计	sequential least squares estimation	
02.303	广义最小二乘估计	generalized least squares estimation	
02.304	多步最小二乘估计	multistage least squares estimation	
02.305	最优估计	optimal estimation	
02.306	估计理论	estimation theory	

序码	汉文名	英文名	注释
02.307	估计器	estimator	
02.308	估计量	estimate	
02.309	非线性估计	nonlinear estimation	
02.310	估计误差	estimation error	
02.311	最小二乘准则	least squares criterion	
02.312	递推估计	recursive estimation	
02.313	无偏估计	unbiased estimation	
02.314	卡尔曼滤波	Kalman filtering	
02.315	卡尔曼滤波器	Kalman filter	
02.316	卡尔曼-布西滤波器	Kalman-Bucy filter	
02.317	维纳滤波	Wiener filtering	
02.318	适应滤波	adaptive filtering	
02.319	最优线性滤波	optimal linear filtering	
02.320	线性预报	linear prediction	
02.321	非线性预报	nonlinear prediction	
02.322	适应预报	adaptive prediction	
02.323	遗忘因子	forgetting factor	

03. 系　　统

序码	汉文名	英文名	注释

03.1 大　系　统

序码	汉文名	英文名	注释
03.001	解耦	decoupling	
03.002	耦合系统	coupled system	
03.003	弱耦合系统	weakly coupled system	
03.004	强耦合系统	strongly coupled system	
03.005	解耦系统	decoupled system	
03.006	解耦子系统	decoupled subsystem	
03.007	解耦参数	decoupling parameter	
03.008	解耦零点	decoupled zero	
03.009	静态解耦	static decoupling	
03.010	动态解耦	dynamic decoupling	
03.011	对角主导矩阵	diagonally dominant matrix	
03.012	和谐控制	harmonious control	

序码	汉文名	英文名	注释
03.013	和谐策略	harmonious strategy	
03.014	和谐变量	harmonious variable	
03.015	和谐偏差	harmonious deviation	
03.016	大系统	large scale system	
03.017	巨系统	huge system	
03.018	大系统控制论	large scale system cybernetics	
03.019	互联	interaction, interconnection	又称"关联"。
03.020	互联系统	interacted system, interconnected system	又称"关联系统"。
03.021	子系统	subsystem	
03.022	镇定	stabilization	又称"稳定"。
03.023	分解	decomposition	
03.024	模型分解	model decomposition	
03.025	系统分解	system decomposition	
03.026	横向分解	horizontal decomposition	
03.027	纵向分解	vertical decomposition	
03.028	功能分解	functional decomposition	
03.029	分解集结法	decomposition-aggregation approach	
03.030	顺序分解	sequential decomposition	
03.031	交叠分解	overlapping decomposition	
03.032	非周期分解	aperiodic decomposition	
03.033	协调	coordination	
03.034	可协调性	coordinability	
03.035	主协调	primal coordination	
03.036	分解协调法	decomposition-coordination approach	
03.037	对偶协调	dual coordination	
03.038	直接协调	direct coordination	
03.039	迭代协调	iterative coordination	
03.040	价格协调	price coordination	
03.041	资源协调	resource coordination	
03.042	任务协调	task coordination	
03.043	多级协调	multilevel coordination	
03.044	协调器	coordinator	
03.045	失协调	discoordination	
03.046	控制时程	control time horizon	进行优化或其它控

序码	汉文名	英文名	注释
			制时的时间区间。
03.047	长时程协调	long time horizon coordination	
03.048	短时程协调	short time horizon coordination	
03.049	摄动理论	perturbation theory	
03.050	奇异摄动	singular perturbation	
03.051	非奇异摄动	nonsingular perturbation	
03.052	摄动系统	perturbed system	
03.053	结构摄动法	structure perturbation approach	
03.054	双时标系统	two-time scale system	
03.055	快变模态	fast mode	
03.056	慢变模态	slow mode	
03.057	快变状态	fast state	
03.058	慢变状态	slow state	
03.059	快变子系统	fast subsystem	
03.060	慢变子系统	slow subsystem	
03.061	快慢分离	fast-slow separation	
03.062	近优性	near-optimality	接近最优。
03.063	上级问题	upper level problem	
03.064	下级问题	lower level problem	
03.065	互联预估法	interaction prediction approach	又称“关联预估法”。
03.066	互联平衡法	interaction balance method	又称“关联平衡法”。
03.067	模型协调法	model coordination method	
03.068	直接法	direct method	
03.069	目标协调法	goal coordination method	
03.070	价格法	price method	
03.071	输入预估法	input prediction method	
03.072	输出预估法	output prediction method	
03.073	递阶参数估计	hierarchical parameter estimation	
03.074	共态变量	costate variable	
03.075	结构可控性	structural controllability	又称“结构能控性”。
03.076	结构可观测性	structural observability	又称“结构能观测性”。
03.077	结构可通性	structural passability	又称“结构能通性”。
03.078	结构分解	structural decomposition	
03.079	结构摄动	structural perturbation	
03.080	结构协调	structural coordination	
03.081	递阶结构	hierarchical structure	

序码	汉文名	英文名	注释
03.082	递阶系统	hierarchical system	
03.083	递阶控制	hierarchical control	
03.084	多层系统	multilayer system	
03.085	多层控制	multilayer control	
03.086	多层递阶控制	multilayer hierarchical control	
03.087	多层递阶结构	multilayer hierarchical structure	
03.088	多段系统	multistratum system	
03.089	多段控制	multistratum control	
03.090	多段递阶控制	multistratum hierarchical control	
03.091	多段递阶结构	multistratum hierarchical structure	
03.092	多级系统	multilevel system	
03.093	多级控制	multilevel control	
03.094	多级递阶控制	multilevel hierarchical control	
03.095	多级递阶结构	multilevel hierarchical structure	
03.096	二维系统	two dimensional system, 2D system	又称“2D 系统”。
03.097	多维系统	multidimensional system	
03.098	无穷维系统	infinite dimensional system	
03.099	复合系统	compound system	
03.100	集中控制	centralized control	
03.101	组合控制	composite control	
03.102	自治系统	autonomous system	又称“自主系统”。
03.103	非自治系统	nonautonomous system	
03.104	协调系统	coordination system	
03.105	协调控制	coordination control	
03.106	增广系统	augmented system	
03.107	奇异线性系统	singular linear system	
03.108	奇异控制	singular control	
03.109	单级过程	single level process	
03.110	多级过程	multilevel process	
03.111	串级系统	cascade system	
03.112	系统集结	system aggregation	
03.113	协调策略	coordination strategy	
03.114	单环协调策略	single loop coordination strategy	
03.115	双环协调策略	double loop coordination strategy	
03.116	可协调条件	coordinability condition	

序码	汉文名	英文名	注释
03.117	可行协调	feasible coordination	
03.118	全局决策者	global decision maker	
03.119	局部决策者	local decision maker	
03.120	局部控制者	local controller	
03.121	全局协调者	global coordinator	
03.122	向量李雅普诺夫函数	vector Lyapunov function	
03.123	标量李雅普诺夫函数	scalar Lyapunov function	
03.124	连结性	connectivity	
03.125	连结稳定性	connective stability	
03.126	模型简化	model simplification	
03.127	模型降阶	model reduction	
03.128	模型降阶法	model reduction method	
03.129	简化模型	simplified model	
03.130	降阶模型	reduced model	
03.131	时矩匹配法	moment matching method	
03.132	集结	aggregation	
03.133	解裂	disaggregation	
03.134	集结矩阵	aggregation matrix	
03.135	链式集结	chained aggregation	
03.136	动态吻合性	dynamic exactness	
03.137	劳思近似法	Routh approximation method	
03.138	时域模型降阶法	time domain model reduction method	
03.139	频域模型降阶法	frequency domain model reduction method	
03.140	帕德近似	Padé approximation	
03.141	模态集结	modal aggregation	
03.142	模态变换	modal transformation	
03.143	模态控制	modal control	
03.144	模态矩阵	modal matrix	
03.145	分布控制	distributed control	
03.146	集中性	centrality	
03.147	分散性	decentrality	
03.148	分散化	decentralization	
03.149	分散控制	decentralized control	

序码	汉文名	英文名	注释
03.150	分散控制系统	decentralized control system	
03.151	分散滤波	decentralized filtering	
03.152	分散模型	decentralized model	
03.153	分散镇定	decentralized stabilization	
03.154	分散鲁棒控制	decentralized robust control	
03.155	分散随机控制	decentralized stochastic control	
03.156	信息模式	information pattern	
03.157	经典信息模式	classical information pattern	
03.158	非经典信息模式	nonclassical information pattern	
03.159	信息结构	information structure	
03.160	次优性	suboptimality	
03.161	次优系统	suboptimal system	
03.162	次优控制	suboptimal control	
03.163	块对角化	block diagonalization	
03.164	固定模	fixed mode	
03.165	不变嵌入原理	invariant embedding principle	
03.166	队论	team theory	
03.167	队决策理论	team decision theory	
03.168	拉格朗日对偶[性]	Lagrange duality	
03.169	罚函数法	penalty function method	
03.170	纳什最优性	Nash optimality	
03.171	帕雷托最优性	Pareto optimality	
03.172	彼得里网络	Petri net	
03.173	顺序优化	sequential optimization	
03.174	多级多目标结构	multilevel multi-objective structure	
03.175	适应层	adaptation layer	
03.176	优化层	optimization layer	
03.177	自组织层	self-organization layer	
03.178	直接控制层	direct control layer	
03.179	复杂系统	complex system	
03.180	封闭系统	closed system	
03.181	开放系统	open system	
03.182	逆系统	inverse system	
03.183	可逆系统	inversible system	
03.184	系统学	systematology	

序码	汉文名	英文名	注释
03.185	协同学	synergetics	
03.186	控制论系统	cybernetic system	
03.187	控制论机器	cybernetic machine	
03.188	役使原理	slaving principle	
03.189	耗散结构	dissipative structure	
03.190	多样性	diversity	
03.191	可分性	separability, divisibility	
03.192	再现性	reproducibility	
03.193	均匀系统	homogeneous system	
03.194	黑箱	black box	
03.195	混沌	chaos	
03.196	分形体	fractal	曾用名“分维体”。其维数不限于整数的一类特殊几何图形或对象。
03.197	整体性	integrity	
03.198	孤立系统	isolated system	
03.199	守恒系统	conservative system	
03.200	受役系统	slaved system	
03.201	无序	disorder	
03.202	有序	order	
03.203	涨落	fluctuation	
03.204	序参数	order parameter	
03.205	吸引子	attractor	

03.2 系统工程

序码	汉文名	英文名	注释
03.206	系统工程	systems engineering	
03.207	系统分析	system analysis	
03.208	系统方法	system approach	
03.209	丹齐格-沃尔夫算法	Dantzig-Wolfe algorithm	
03.210	系统评价	system assessment, system evaluation	
03.211	系统动力学	system dynamics	
03.212	系统动力学模型	system dynamics model	
03.213	抽象系统	abstract system	
03.214	微分动力学系统	differential dynamical system	

序码	汉文名	英文名	注释
03.215	离散事件动态系统	discrete event dynamic system, DEDS	
03.216	智暴法	brainstorming method	又称“头脑风暴法”。
03.217	层次分析法	analytic hierarchy process, AHP	
03.218	情景分析法	scenario analysis method	
03.219	主成分分析法	principal component analysis, PCA	
03.220	趋势法	trend method	
03.221	成组技术	group technology	
03.222	品质因数	index of merit	
03.223	效益理论	effectiveness theory	
03.224	效用理论	utility theory	
03.225	功能分析	function analysis	
03.226	整体分析	global analysis	
03.227	费用效益分析	cost–effectiveness analysis	
03.228	时间序列分析	time series analysis	
03.229	权衡分析	trade–off analysis	
03.230	相容性	compatibility	又称“兼容性”。
03.231	相容原理	compatibility principle	
03.232	不相容原理	incompatibility principle	
03.233	一致性	consistency	
03.234	有效性	effectiveness	
03.235	可行性	feasibility	
03.236	可行性研究	feasibility study	
03.237	优先性	priority	
03.238	评价技术	assessment technique, evaluation technique	
03.239	近似推理	approximate reasoning	
03.240	霍尔三维结构	Hall three dimension structure	
03.241	冗余信息	redundant information	
03.242	多属性效用函数	multi–attributive utility function	
03.243	总体设计	overall design	
03.244	备选方案	alternative	
03.245	信息采集	information acquisition	
03.246	界面	interface	
03.247	灵敏度分析	sensitivity analysis	
03.248	系统规划	system planning	

序码	汉文名	英文名	注释
03.249	系统环境	system environment	
03.250	系统同态	system homomorphism	
03.251	系统同构	system isomorphism	
03.252	社会经济系统	socioeconomic system	
03.253	价值工程	value engineering	
03.254	价值分析	value analysis	
03.255	效用函数	utility function	
03.256	城市规划	urban planning	
03.257	目的系统	teleological system	
03.258	目的论	teleology	
03.259	技术评价	technical evaluation	
03.260	动态规划	dynamic programming	
03.261	线性规划	linear programming	
03.262	非线性规划	nonlinear programming	
03.263	运筹学	operations research	
03.264	排队论	queuing theory	
03.265	库存论	inventory theory	
03.266	配置问题	allocation problem, assignment problem	又称"分配问题"。
03.267	先验估计	*a priori* estimate	
03.268	后验估计	*a posteriori* estimate	
03.269	启发[式]算法	heuristic algorithm	
03.270	可行域	feasible region	
03.271	经验分布	empirical distribution	
03.272	分离原理	separation principle	
03.273	搜索技术	search technique	
03.274	乐观值	optimistic value	
03.275	悲观值	pessimistic value	
03.276	路径问题	routing problem	
03.277	服务系统	service system	
03.278	最优化技术	optimization technique	
03.279	最优解	optimal solution	
03.280	局部最优	local optimum	
03.281	全局最优	global optimum	
03.282	多[重]判据	multicriteria	
03.283	边际效益	marginal effectiveness	
03.284	随机事件	random event	

序码	汉文名	英文名	注释
03.285	主观概率	subjective probability	
03.286	软约束	soft constraint	
03.287	加权法	weighting method	
03.288	决策[理]论	decision theory	
03.289	施塔克尔贝格决策理论	Stackelberg decision theory	
03.290	多级决策	multilevel decision	
03.291	最优决策问题	optimal decision problem	
03.292	决策空间	decision space	
03.293	决策树	decision tree	
03.294	策略函数	strategic function	
03.295	决策模型	decision model	
03.296	决策程序	decision program	
03.297	模糊决策	fuzzy decision	
03.298	决策分析	decision analysis	
03.299	群决策	group decision	
03.300	多目标决策	multi-objective decision	
03.301	多段决策过程	multistage decision process	
03.302	竞争决策	competition decision	
03.303	对策论	game theory	曾用名“博弈论”。
03.304	对策树	game tree	曾用名“博弈树”。
03.305	模糊对策	fuzzy game	
03.306	合作对策	cooperative game	
03.307	非合作对策	noncooperative game	
03.308	微分对策	differential game	
03.309	零和对策模型	zero sum game model	
03.310	非零和对策模型	nonzero sum game model	
03.311	最优策略	optimal strategy	
03.312	可靠性	reliability	
03.313	可靠度	reliability	
03.314	系统可靠性	system reliability	
03.315	系统可维护性	system maintainability	
03.316	单调关联系统	coherent system	指系统具有单调可靠性结构函数，且系统中任一部件的状态都与系统状态有关。
03.317	非单调关联系统	noncoherent system	指系统具有非单调

序码	汉文名	英文名	注释
			可靠性结构函数，且系统中任一部件的状态都与系统状态有关。
03.318	故障诊断	failure diagnosis	
03.319	失效率	failure rate	
03.320	故障识别	failure recognition	
03.321	平均无故障时间	mean time to failure, MTTF	
03.322	平均故障间隔时间	mean time between failures, MTBF	
03.323	平均修复时间	mean time to repair, MTTR	
03.324	风险决策	risk decision	
03.325	风险评价	risk evaluation	
03.326	最小风险估计	minimum risk estimation	
03.327	风险分析	risk analysis	
03.328	质量管理	quality control, QC	
03.329	全面质量管理	total quality control, TQC	
03.330	系统建模	system modeling	又称“系统模型化”。
03.331	均衡模型	equilibrium model	
03.332	确定性模型	deterministic model	
03.333	非确定性模型	nondeterministic model	
03.334	预报模型	forecasting model	又称“预测模型”。
03.335	结构模型	structure model	
03.336	解释型结构模型	interpretive structure model	
03.337	模拟模型	analog model	
03.338	区域规划模型	regional planning model	
03.339	符号模型	symbolic model	
03.340	模型库	model base, MB	
03.341	模型库管理系统	model base management system, MBMS	
03.342	数据库	data base, DB	
03.343	数据库管理系统	data base management system, DBMS	
03.344	方法库	way base, WB	
03.345	方法库管理系统	way base management system, WBMS	
03.346	图论	graph theory	
03.347	关键路径法	critical path method, CPM	

序码	汉文名	英文名	注释
03.348	可及性	accessibility	
03.349	计划评审技术	program evaluation and review technique, PERT	
03.350	网络技术	network technique	
03.351	最短路径问题	shortest path problem	
03.352	汇[点]	sink	
03.353	源[点]	source	
03.354	网络模型	network model	
03.355	发展中系统	developing system, evolutionary system	又称“进化系统”。
03.356	突变论	catastrophe theory	
03.357	非平衡态	nonequilibrium state	
03.358	组织理论	organization theory	
03.359	同态模型	homomorphic model	
03.360	必然性测度	necessity measure	
03.361	同构模型	isomorphic model	
03.362	解释结构建模[法]	interpretive structure modeling, ISM	
03.363	超循环理论	hypercycle theory	
03.364	奇异吸引子	singular attractor	
03.365	事件链	event chain	
03.366	行为科学	behavioural science	
03.367	人机系统	man-machine system	
03.368	泰勒制	Taylor system	
03.369	系统诊断	system diagnosis	
03.370	生命周期分析	life cycle analysis	

04. 控制技术

序码	汉文名	英文名	注释

04.1 过程控制与仪表

04.001	过程控制	process control	
04.002	开环过程控制	open loop process control	
04.003	闭环过程控制	closed loop process control	
04.004	工业控制	industrial control	

序码	汉文名	英文名	注释
04.005	电动控制	electric control	
04.006	气动控制	pneumatic control	
04.007	液动控制	hydraulic control	又称“液压控制”。
04.008	电液控制	electrohydraulic control	
04.009	过程模型	process model	
04.010	工业控制系统	industrial control system	
04.011	继电控制系统	relay control system	
04.012	复合控制系统	compound control system	
04.013	工业自动化	industrial automation	
04.014	过程自动化	process automation	
04.015	局部自动化	local automation	
04.016	冶金自动化	metallurgical automation	
04.017	电力系统自动化	power system automation	
04.018	化工自动化	chemical process automation	
04.019	低成本自动化	low cost automation	
04.020	测量仪表	measuring instrument, measurement instrument	又称“检测仪表”。
04.021	模拟[式]测量仪表	analog measuring instrument	以被测量的连续函数输出或显示的测量仪表。
04.022	数字[式]测量仪表	digital measuring instrument	提供数字化输出或数字显示的测量仪表。
04.023	检出器	detector	用以指示某种特定量的存在，但无需提供量值的装置。
04.024	传感器	sensor, [measuring] transducer	
04.025	变送器	transmitter	
04.026	温度测量仪表	temperature measurement instrument	
04.027	温度计	thermometer	
04.028	温度传感器	temperature transducer, temperature sensor	
04.029	热电偶	thermocouple	
04.030	热电阻	resistance thermometer sensor	
04.031	温度变送器	temperature transmitter	
04.032	温度控制器	temperature controller	
04.033	温度开关	temperature switch	

序码	汉文名	英文名	注释
04.034	压力测量仪表	pressure measurement instrument	
04.035	压力真空表	combined pressure and vacuum gauge	
04.036	压力表	pressure gauge	
04.037	膜盒压力表	capsule pressure gauge	
04.038	膜片压力表	diaphragm pressure gauge	
04.039	波纹管压力表	bellows pressure gauge	
04.040	电接点压力表	pressure gauge with electric contact	
04.041	电远传压力表	transmissible pressure gauge	
04.042	压力传感器	pressure transducer, pressure sensor	
04.043	压力变送器	pressure transmitter	
04.044	压力控制器	pressure controller	
04.045	压力开关	pressure switch	
04.046	差压传感器	differential pressure transducer, differential pressure sensor	
04.047	差压变送器	differential pressure transmitter	
04.048	差压控制器	differential pressure controller	
04.049	差压开关	differential pressure switch	
04.050	流量测量仪表	flow measurement instrument	
04.051	流量计	flowmeter	
04.052	差压式流量计	differential pressure flowmeter	
04.053	浮子流量计	float flowmeter, rotameter	又称“转子流量计”。
04.054	椭圆齿轮流量计	oval wheel flowmeter	
04.055	腰轮流量计	Roots flowmeter	
04.056	涡轮流量计	turbine flowmeter	
04.057	旋进流量计	vortex precession flowmeter, swirlmeter	
04.058	涡街流量计	vortex shedding flowmeter	
04.059	电磁流量计	electromagnetic flowmeter	
04.060	超声流量计	ultrasonic flowmeter	
04.061	流量传感器	flow transducer, flow sensor	
04.062	电磁流量传感器	electromagnetic flow transducer	
04.063	流量变送器	flow transmitter	
04.064	靶式流量变送器	target flow transmitter	
04.065	流量控制器	flow controller	

序码	汉文名	英文名	注释
04.066	流量开关	flow switch	
04.067	物位测量仪表	level measurement instrument	
04.068	浮子液位计	float levelmeter	
04.069	差压液位计	differential pressure levelmeter	
04.070	超声物位计	ultrasonic levelmeter	
04.071	核辐射物位计	nuclear radiation levelmeter	
04.072	电容物位计	electrical capacitance levelmeter	
04.073	电导液位计	electrical conductance levelmeter	
04.074	物位传感器	level transducer	
04.075	物位变送器	level transmitter	
04.076	物位控制器	level controller	
04.077	物位开关	level switch	
04.078	尺度传感器	dimension transducer	
04.079	宽度计	width meter	
04.080	光电式宽度计	photoelectric width meter	
04.081	厚度传感器	thickness transducer	
04.082	厚度计	thickness meter	
04.083	电涡流厚度计	eddy current thickness meter	
04.084	超声厚度计	ultrasonic thickness meter	
04.085	核辐射厚度计	nuclear radiation thickness meter	
04.086	位移传感器	displacement transducer	
04.087	电位器式位移传感器	potentiometric displacement transducer	
04.088	电感式位移传感器	inductive displacement transducer	
04.089	差动变压器式位移传感器	differential transformer displacement transducer	
04.090	电容式位移传感器	capacitive displacement transducer	
04.091	霍尔式位移传感器	Hall displacement transducer	
04.092	位移计	displacement meter	
04.093	辊缝测量仪	roll gap measuring instrument	
04.094	位置传感器	position transducer	
04.095	位置测量仪	position measuring instrument	
04.096	转速传感器	revolution speed transducer	
04.097	光电式转速传感	photoelectric tachometric	

序码	汉文名	英文名	注释
	器	transducer	
04.098	光纤式转速传感器	optic fiber tachometric transducer	
04.099	磁电式转速传感器	magnetoelectric tachometric transducer	
04.100	转速表	tachometer	
04.101	光纤式转速表	optic fiber tachometer	
04.102	转矩传感器	torque transducer	
04.103	力传感器	force transducer	
04.104	磁弹性式力传感器	magnetoelastic force transducer	
04.105	电感式力传感器	inductive force transducer	
04.106	振弦式力传感器	vibrating wire force transducer	
04.107	电容式力传感器	capacitive force transducer	
04.108	压电式力传感器	piezoelectric force transducer	
04.109	张力计	tensiometer	
04.110	力测量仪	force measuring instrument	
04.111	称重传感器	load cell, weighing cell	
04.112	应变式称重传感器	strain gauge load cell	
04.113	磁弹性式称重传感器	magnetoelastic weighing cell	
04.114	电子皮带秤	electronic belt conveyor scale	
04.115	电子料斗秤	electronic hopper scale	
04.116	电子配料秤	electronic batching scale	
04.117	速度传感器	velocity transducer	
04.118	加速度传感器	acceleration transducer, accelerometer	
04.119	振动传感器	vibration transducer	
04.120	位移振幅传感器	displacement vibration amplitude transducer	
04.121	振动计	vibrometer	
04.122	气体分析器	gas analyzer	
04.123	红外线气体分析器	infrared gas analyzer	
04.124	采样器	sampler	
04.125	采样保持器	sampling holder	

序码	汉文名	英文名	注释
04.126	信号转换器	signal converter	
04.127	模数转换器	analog-digital converter, A / D converter, ADC	
04.128	数模转换器	digital-analog converter, D / A converter, DAC	
04.129	气-电转换器	pneumatic electric converter	
04.130	电-气转换器	electric pneumatic converter	
04.131	电-液转换器	electric hydraulic converter	
04.132	显示仪表	display instrument	
04.133	指示仪	indicator	
04.134	记录仪	recorder	
04.135	数据记录装置	data logger	
04.136	积算仪表	integrating instrument	
04.137	监视器	monitor	
04.138	控制仪表	controlling instrument	
04.139	控制器	controller	
04.140	二位控制器	two state controller, two step controller	
04.141	三位控制器	three state controller, three step controller	
04.142	多位控制器	multistate controller, multistep controller	
04.143	比例控制器	proportional controller, P controller	简称“P 控制器”。
04.144	积分控制器	integral controller, I controller	简称“I 控制器”。
04.145	微分控制器	derivative controller, D controller	简称“D 控制器”。
04.146	比例积分控制器	proportional plus integral controller, PI controller	简称“PI 控制器”。
04.147	比例微分控制器	proportional plus derivative controller, PD controller	简称“PD 控制器”。
04.148	比例积分微分控制器	proportional plus integral plus derivative controller, PID controller	简称“PID 控制器”。
04.149	比值控制器	ratio controller	
04.150	时序控制器	time schedule controller	
04.151	顺序控制器	sequential controller	
04.152	可编程序控制器	programmable controller, PC	

序码	汉文名	英文名	注释
04.153	可编程序逻辑控制器	programmable logic controller, PLC	
04.154	单回路控制器	single loop controller	
04.155	多回路控制器	multiloop controller	
04.156	自力式控制器	self-operated controller	
04.157	远程设定点调整器	remote set point adjuster	
04.158	调节装置	regulating device	
04.159	调节单元	regulating unit	
04.160	报警器	alarm	
04.161	极限报警器	limit alarm	
04.162	偏差报警器	deviation alarm	
04.163	信号器	annunciator	
04.164	手动操作器	manual station	
04.165	自动-手动操作器	automatic manual station	
04.166	程序设定操作器	program set station	
04.167	比值操作器	ratio station	
04.168	信号选择器	signal selector	
04.169	阻尼器	damper	
04.170	控制阀	control valve	
04.171	电磁阀	solenoid valve	
04.172	伺服阀	servo valve	
04.173	电液伺服阀	electrohydraulic servo valve	
04.174	液压马达	hydraulic motor	
04.175	液压步进马达	hydraulic step motor	
04.176	伺服马达	servomotor	
04.177	步进电机	step motor	
04.178	伺服电机	servomotor	
04.179	执行机构	actuator	
04.180	气动执行机构	pneumatic actuator	
04.181	电动执行机构	electric actuator	
04.182	液动执行机构	hydraulic actuator	
04.183	电液执行机构	electrohydraulic actuator	
04.184	直行程阀	linear motion valve	
04.185	角行程阀	rotary motion valve	
04.186	球形阀	globe valve	
04.187	蝶阀	butterfly valve	

序码	汉文名	英文名	注释
04.188	偏心旋转阀	rotary eccentric plug valve, Camflex valve	
04.189	球阀	ball valve	
04.190	隔膜阀	diaphragm valve	
04.191	旋塞阀	plug valve	
04.192	闸阀	gate valve	
04.193	控制台	[control] console	
04.194	控制设备	control equipment	
04.195	敏感元件	sensing element	
04.196	采样元件	sampling element	
04.197	测量元件	measuring element	
04.198	比较元件	comparing element	
04.199	控制元件	control element	
04.200	控制环节	control element	
04.201	超前网络	lead network	
04.202	滞后网络	lag network	
04.203	控制[式]自整角机	control synchro	
04.204	旋转变压器	rotating transformer	

04.2 计算机应用

序码	汉文名	英文名	注释
04.205	计算机控制	computer control	
04.206	直接数字控制	direct digital control, DDC	
04.207	数值控制	numerical control, NC	
04.208	增量控制	incremental control	
04.209	逻辑控制	logical control	
04.210	分时控制	time-sharing control	
04.211	实时控制	real time control	
04.212	实时系统	real time system	
04.213	计算机控制系统	computer control system	
04.214	分布式计算机控制系统	distributed computer control system	
04.215	分布式数据库管理系统	distributed data base management system, DDBMS	
04.216	多级计算机控制系统	multilevel computer control system	
04.217	数字数据处理系	digital data processing system	

序码	汉文名	英文名	注释
	统		
04.218	数字数据采集系统	digital data acquisition system	
04.219	数字信息处理系统	digital information processing system	
04.220	过程控制信息系统	information system for process control	
04.221	计算机监控系统	supervisory computer control system	
04.222	全局数据库	global data base	
04.223	局部数据库	local data base	
04.224	过程控制计算机	process control computer	
04.225	数字化	digitization	
04.226	数字控制器	digital controller	
04.227	控制软件	control software	
04.228	数字补偿	digital compensation	
04.229	数字滤波器	digital filter	
04.230	组态	configuration	
04.231	梯形图	ladder diagram	
04.232	输入输出通道	input-output channel, I/O channel	
04.233	控制计算机接口	control computer interface	
04.234	模拟数据	analog data	
04.235	模拟输入	analog input	
04.236	模拟输出	analog output	
04.237	数字数据	digital data	
04.238	数字输入	digital input	
04.239	数字输出	digital output	
04.240	模数转换	analog-digital conversion, A/D conversion	
04.241	数模转换	digital-analog conversion, D/A conversion	
04.242	数字化仪	digitizer	
04.243	现场总线	field bus	连接生产现场中各可编址实体的通路。
04.244	数据通信	data communication	
04.245	数字通信	digital communication	

序码	汉文名	英文名	注释
04.246	数据传递	data transfer	
04.247	离散信号	discrete signal	
04.248	信号处理	signal processing	
04.249	数字信号处理	digital signal processing	
04.250	信号检测和估计	signal detection and estimation	
04.251	信号持续时间	signal duration	
04.252	数据加密	data encryption	
04.253	信号重构	signal reconstruction	
04.254	数据处理	data processing	
04.255	数据处理系统	data processing system	
04.256	数据处理器	data processor	
04.257	实时数据处理	real time data processing	
04.258	自动数据处理	automatic data processing	
04.259	数据预处理	data preprocessing	
04.260	数据采集	data acquisition	
04.261	数据记录	data logging	
04.262	分布式处理	distributed processing	
04.263	交互式处理	interactive processing	
04.264	在线处理	on–line processing	又称“联机处理”。
04.265	离线处理	off–line processing	又称“脱机处理”。
04.266	工作站	work station	
04.267	计算机辅助设计工作站	work station for computer aided design	
04.268	设计自动化	design automation	
04.269	计算机辅助设计	computer aided design, CAD	
04.270	计算机辅助规划	computer aided planning, CAP	
04.271	计算机辅助质量控制	computer aided quality control, CAQC	
04.272	计算机辅助控制工程	computer aided control engineering, CACE	
04.273	计算机辅助工程	computer aided engineering, CAE	
04.274	计算机辅助故障诊断	computer aided debugging	
04.275	计算机辅助质量管理	computer aided quality management	
04.276	计算机辅助教学	computer assisted instruction, CAI	

序码	汉文名	英文名	注释
04.277	计算机辅助生产计划	computer aided production planning, CAPP	
04.278	计算机辅助研究开发	computer aided researching and developing, CARD	
04.279	计算机辅助测试	computer aided testing, CAT	
04.280	计算机辅助管理	computer assisted management	
04.281	计算机辅助分析	computer aided analysis, CAA	
04.282	计算机辅助制造	computer aided manufacturing, CAM	
04.283	计算机辅助学习	computer assisted learning, CAL	
04.284	控制系统计算机辅助设计	computer aided design of control system, CADCS	
04.285	计算机辅助设计软件包	software package of computer aided design	
04.286	自上而下开发	top-down development	
04.287	自下而上开发	bottom-up development	
04.288	自上而下测试	top-down testing	
04.289	自下而上测试	bottom-up testing	
04.290	层次结构图	hierarchical chart	
04.291	逐步精化	stepwise refinement	
04.292	模块化	modularization	
04.293	数据流图	data flow diagram, DFD	
04.294	课件	courseware	在计算机辅助教学软件包中，针对诸教学环节所用的程序。
04.295	软件测试	software testing	
04.296	软件测试计划	software testing plan	
04.297	白箱测试法	white box testing approach	
04.298	黑箱测试法	black box testing approach	
04.299	等价类划分	equivalence partitioning	
04.300	边界值分析	boundary value analysis	
04.301	单元测试	unit testing	
04.302	集成测试	integration testing	又称“综合测试”。
04.303	增量测试	incremental testing	
04.304	验收测试	acceptance testing	
04.305	问答式	question and answer mode	
04.306	选单选择式	menu selection mode	曾用名“菜单选择式”。

序码	汉文名	英文名	注释
04.307	指令语言式	command language mode	
04.308	在线帮助	on–line assistence	
04.309	人机控制	man–machine control	
04.310	人机协调	man–machine coordination	
04.311	人机界面	man–machine interface	
04.312	用户友好界面	user–friendly interface	
04.313	智能终端	intelligent terminal	
04.314	软件环境	software environment	
04.315	软件工具	software tool	
04.316	可测试性	testability	
04.317	可理解性	understandability	
04.318	可修改性	modifiability	
04.319	清晰性	clarity	
04.320	可扩充性	augmentability	
04.321	可维护性	maintainability	
04,322	易读性	readability	
04.323	可移植性	portability	
04.324	软件心理学	software psychology	
04.325	计算机集成制造系统	computer integrated manufacturing system, CIMS	又称“计算机综合制造系统”。
04.326	柔性制造系统	flexible manufacturing system, FMS	
04.327	制造自动化协议	manufacturing automation protocol, MAP	又称“生产自动化协议”。
04.328	工厂信息协议	factory information protocol, FIP	
04.329	协议工程	protocol engineering	
04.330	知识辅助协议自动化	knowledge aided protocol automation	
04.331	工厂通信	factory communication	
04.332	局域网	local area network, LAN	
04.333	主站	master station	
04.334	从站	slave station	
04.335	始发站	originator	
04.336	目的站	destination	
04.337	收听站	listener	
04.338	响应站	responder	
04.339	发起站	initiator	

序码	汉文名	英文名	注释
04.340	指挥站	director	
04.341	监控站	monitor	
04.342	管理站	manager	
04.343	控制站	control station	

04.3 电气自动化

04.344	电气传动	electric drive	又称“电力拖动”。
04.345	直流电气传动	direct current electric drive, dc electric drive	
04.346	交流电气传动	alternating current electric drive, ac electric drive	
04.347	可逆电气传动	reversible electric drive	
04.348	不可逆电气传动	nonreversible electric drive	
04.349	调速电气传动	adjustable speed electric drive	
04.350	非调速电气传动	unadjustable speed electric drive	
04.351	步进电气传动	step motion electric drive	
04.352	直线[运动]电气传动	linear motion electric drive	
04.353	直流发电机-电动机组传动	dc generator-motor set drive	
04.354	串级电气传动	cascaded electric drive	
04.355	变频电气传动	variable frequency electric drive	
04.356	运动控制系统	motion control system	
04.357	增量运动控制系统	incremental motion control system	
04.358	定值控制系统	fixed set point control system	
04.359	步进控制	step-by-step control	
04.360	程序控制	programmed control	
04.361	程序控制系统	programmed control system	简称“程控系统”。
04.362	顺序控制	sequential control	
04.363	顺序控制系统	sequential control system	简称“顺控系统”。
04.364	脉冲调宽控制系统	pulse width modulation control system, PWM control system	
04.365	脉冲调频控制系统	pulse frequency modulation control system	
04.366	电气传动控制设备	electric drive control gear	

序码	汉文名	英文名	注释
04.367	控制板	control board	
04.368	控制屏	control panel	又称“控制盘”。
04.369	控制柜	control cabinet, control cubicle	
04.370	控制箱	control box	
04.371	放大器	amplifier	
04.372	变流器	converter	
04.373	整流器	rectifier	
04.374	逆变器	inverter	
04.375	电流[源]型逆变器	current source inverter	
04.376	电压[源]型逆变器	voltage source inverter	
04.377	脉宽调制逆变器	pulse width modulation inverter, PWM inverter	
04.378	变频器	frequency converter	
04.379	交–交变频器	ac–ac frequency converter	
04.380	交–直–交变频器	ac–dc–ac frequency converter	
04.381	粗–精控制	coarse fine control	
04.382	不间断工作制	uninterrupted duty	又称“长期工作制”。无空载期的工作制。
04.383	连续工作制	continuous duty	负载恒定的不间断工作制。
04.384	断续工作制	intermittent duty	
04.385	短期工作制	short time duty	
04.386	周期工作制	periodic duty	
04.387	负载比	duty ratio	
04.388	暂态特性曲线	transient process characteristic curve	
04.389	静态特性曲线	static characteristic curve	
04.390	测量范围	measuring range	
04.391	控制范围	control range	
04.392	自动跟踪	automatic tracking	
04.393	控制精[确]度	control accuracy	
04.394	起动	starting	
04.395	制动	braking	
04.396	电磁制动	electromagnetic braking	
04.397	能耗制动	dynamic braking	

序码	汉文名	英文名	注释
04.398	回馈制动	regenerative braking	又称“再生制动”。
04.399	反接制动	plug braking	
04.400	点动	inching	
04.401	电气联锁	electric interlock	

04.4 空间运动体控制

序码	汉文名	英文名	注释
04.402	姿态控制	attitude control	
04.403	轨道控制	orbit control	
04.404	姿态和轨道控制系统	attitude and orbit control system, AOCS	
04.405	空间控制	space control	
04.406	制导系统	guidance system	
04.407	自主导航	autonomous navigation	
04.408	再入控制	reentry control	
04.409	返回控制	return control	
04.410	轨道角速度	orbit angular velocity	
04.411	轨道摄动	orbit perturbation	
04.412	自主位置保持	autonomous station keeping	
04.413	姿态捕获	attitude acquisition	
04.414	姿态机动	attitude maneuver	
04.415	定向	orientation	
04.416	再定向	reorientation	
04.417	姿态参数	attitude parameter	
04.418	轨道参数	orbit parameter	
04.419	姿态测量	attitude measurement	
04.420	姿态确定	attitude determination	
04.421	姿态预测	attitude prediction	
04.422	姿态误差	attitude error	
04.423	姿态运动	attitude motion	
04.424	姿态漂移	attitude drift	
04.425	姿态扰动	attitude disturbance	
04.426	姿态重构	attitude reconstruction	
04.427	轨道和姿态耦合	coupling of orbit and attitude	
04.428	入轨姿态	injection attitude	
04.429	点火姿态	firing attitude	
04.430	姿态角	attitude angle	
04.431	姿态角速度	attitude angular velocity	

序码	汉文名	英文名	注释
04.432	姿态稳定	attitude stabilization	
04.433	主动姿态稳定	active attitude stabilization	
04.434	被动姿态稳定	passive attitude stabilization	
04.435	三轴姿态稳定	three-axis attitude stabilization	
04.436	自旋稳定	spin stabilization	
04.437	双自旋稳定	dual spin stabilization	
04.438	磁稳定	magnetic stabilization	
04.439	重力梯度稳定	gravity gradient stabilization	
04.440	天平动阻尼	libration damping	
04.441	喷气姿态控制	gas jet attitude control	
04.442	多体控制	multi-body control	
04.443	反作用轮控制	reaction wheel control	
04.444	太阳帆板指向控制	solar array pointing control	
04.445	天线指向控制	antenna pointing control	
04.446	磁卸载	magnetic dumping	
04.447	伪速率增量控制	pseudo-rate-increment control	
04.448	姿态轨道控制电路	attitude and orbit control electronics, AOCE	
04.449	定向控制	orientation control	
04.450	姿态控制精[确]度	attitude control accuracy	
04.451	喷气脉冲	jet pulse	
04.452	指向精[确]度	pointing accuracy	
04.453	章动阻尼	nutation damping	
04.454	章动敏感器	nutation sensor	
04.455	重力梯度力矩	gravity gradient torque	
04.456	地磁力矩	geomagnetic torque	
04.457	姿态动力学	attitude dynamics	
04.458	挠性航天器动力学	flexible spacecraft dynamics	
04.459	刚性航天器动力学	rigid spacecraft dynamics	
04.460	惯性坐标系	inertial coordinate system	
04.461	轨道坐标系	orbit coordinate system	
04.462	自旋体	spinner	
04.463	陀螺体	gyrostat	

序码	汉文名	英文名	注释
04.464	消旋体	despinner	
04.465	自旋轴	spin axis	
04.466	姿态控制[规]律	attitude control law	
04.467	轨道机动	orbital maneuver	
04.468	轨道交会	orbital rendezvous	
04.469	轨道捕获	orbital acquisition	
04.470	定点精[确]度	station accuracy	
04.471	轨道保持	orbit maintenance	
04.472	空间交会	space rendezvous	
04.473	交会和对接	rendezvous and docking	
04.474	姿态敏感器	attitude sensor	
04.475	光学姿态敏感器	optical attitude sensor	
04.476	红外地球敏感器	infrared earth sensor	
04.477	太阳敏感器	sun sensor	
04.478	星敏感器	star sensor	
04.479	射频敏感器	radio frequency sensor	
04.480	磁强计	magnetometer	
04.481	惯性姿态敏感器	inertial attitude sensor	
04.482	陀螺	gyro	
04.483	陀螺罗盘	gyrocompass	
04.484	轨道陀螺罗盘	orbit gyrocompass	
04.485	陀螺仪	gyroscope	
04.486	单自由度陀螺	single degree of freedom gyro	
04.487	双自由度陀螺	double degree of freedom gyro	
04.488	速率积分陀螺	rate integrating gyro	
04.489	六分仪	sextant	
04.490	力矩器	torquer	
04.491	陀螺漂移率	gyro drift rate	
04.492	电推进	electric propulsion	
04.493	推力器	thruster, jet	
04.494	喷气推进	jet propulsion	
04.495	化学推进	chemical propulsion	
04.496	推力	thrust	
04.497	冲量	impulse	
04.498	控制力矩陀螺	control moment gyro	
04.499	比冲	specific impulse	
04.500	惯性轮	inertia wheel	

序码	汉文名	英文名	注　释
04.501	反作用轮	reaction wheel	
04.502	动量轮	momentum wheel	
04.503	框架轮	gimbaled wheel	
04.504	轨道控制精[确]度	orbit control accuracy	
04.505	惯性平台	inertial platform	
04.506	加速度计	accelerometer	
04.507	导航仪表	navigation instrument	
04.508	多普勒导航系统	Doppler navigation system	
04.509	方位角	bearing angle	
04.510	仰角	elevation	
04.511	方位对准	bearing alignment	
04.512	自动飞行控制系统	automatic flight control system	
04.513	自动驾驶仪	autopilot	
04.514	自动着陆系统	automatic landing system	
04.515	推力矢量控制系统	thrust vector control system	
04.516	增控系统	control augmentation system	
04.517	远动学	telemechanics	
04.518	遥测	telemetry	
04.519	遥控	remote control	
04.520	遥感	remote sensing	
04.521	遥调	remote regulating	
04.522	遥控指令	remote control command	
04.523	遥控操作器	remote manipulator	
04.524	闭环遥控系统	closed loop remote control system	
04.525	开环遥控系统	open loop remote control system	
04.526	实时遥控	real time remote control	
04.527	延时遥测	delayed telemetry	
04.528	实时遥测	real time telemetry	
04.529	指令遥控	remote command control	
04.530	循环遥控	cyclic remote control	
04.531	数字遥测系统	digital telemetering system	
04.532	开环遥测系统	open loop telemetering system	
04.533	闭环遥测系统	closed loop telemetering system	
04.534	模拟遥测系统	analog telemetering system	

序码	汉文名	英文名	注释
04.535	适应遥测系统	adaptive telemetering system	
04.536	航天遥测	space telemetry	
04.537	遥测通信系统	telemetering communication system	
04.538	双重调制遥测系统	dual modulation telemetering system	
04.539	三重调制遥测系统	triple modulation telemetering system	
04.540	调频–调频遥测系统	FM–FM telemetering system	
04.541	频分[制]遥测系统	telemetering system of frequency division type	
04.542	时分[制]遥测系统	telemetering system of time division type	
04.543	遥测遥控系统	telemetering and remote control system	
04.544	远程通信	telecommunication	

04.5 仿 真

序码	汉文名	英文名	注释
04.545	仿真	simulation	曾用名“模拟”。
04.546	系统仿真	system simulation	
04.547	连续系统仿真	continuous system simulation	
04.548	离散系统仿真	discrete system simulation	
04.549	离散事件系统仿真	discrete event system simulation	
04.550	连续离散混合系统仿真	continuous discrete hybrid system simulation	
04.551	连续离散事件混合系统仿真	continuous discrete event hybrid system simulation	
04.552	工程系统仿真	engineering system simulation	
04.553	非工程系统仿真	non–engineering system simulation	
04.554	控制系统仿真	control system simulation	
04.555	线性系统仿真	linear system simulation	
04.556	非线性系统仿真	nonlinear system simulation	
04.557	在线系统仿真	on–line system simulation	
04.558	离线系统仿真	off–line system simulation	

序码	汉文名	英文名	注释
04.559	原型	prototype	
04.560	模型	model	
04.561	原型变量	prototype variable	
04.562	模型变量	model variable	
04.563	原型过程时间	prototype process time	
04.564	仿真过程时间	simulation process time	
04.565	幅度比例尺	magnitude scale factor	
04.566	时间比例尺	time scale factor	
04.567	相似性	similarity	
04.568	数学相似	mathematical similarity	
04.569	物理相似	physical similarity	
04.570	功能相似	functional similarity	
04.571	几何相似	geometric similarity	
04.572	真实系统	real system	
04.573	建模	modeling	
04.574	物理建模	physical modeling	
04.575	演绎建模法	deductive modeling method	
04.576	归纳建模法	inductive modeling method	
04.577	演绎与归纳混合建模法	deductive-inductive hybrid modeling method	
04.578	模型变换	model transformation	
04.579	模型装载	model loading	
04.580	模型实验	model experiment	
04.581	模型分析	model analysis	
04.582	模型修改	model modification	
04.583	模型校验	model checking	
04.584	模型验证	model verification	
04.585	模型评价	model evaluation	
04.586	模型设计	model design	
04.587	模型确认	model validation	
04.588	模型置信度	model confidence	
04.589	模型逼真度	model fidelity	
04.590	模型精[确]度	model accuracy	
04.591	物理模型	physical model	
04.592	仿真模型	simulation model	
04.593	连续系统模型	continuous system model	
04.594	离散系统模型	discrete system model	

序码	汉文名	英文名	注释
04.595	离散事件系统模型	discrete event system model	
04.596	连续离散混合系统模型	continuous discrete hybrid system model	
04.597	连续离散事件混合系统模型	continuous discrete event hybrid system model	
04.598	运筹学模型	operational research model	
04.599	智能系统模型	intelligent system model	
04.600	集总参数模型	lumped parameter model	又称"集中参数模型"。
04.601	分布参数模型	distributed parameter model	
04.602	微分方程模型	differential equation model	
04.603	差分方程模型	difference equation model	
04.604	传递函数模型	transfer function model	
04.605	状态方程模型	state equation model	
04.606	经济系统模型	economic system model	
04.607	状态转移模型	state transition model	
04.608	统计模型	statistic model	
04.609	混合模型	hybrid model	
04.610	动态模型	dynamic model	
04.611	静态模型	static model	
04.612	机理模型	mechanism model	
04.613	多段模型	multisegment model	
04.614	仿真技术	simulation technique	
04.615	仿真方法学	simulation methodology	
04.616	仿真环境	simulation environment	
04.617	仿真算法	simulation algorithm	
04.618	实时仿真算法	real time simulation algorithm	
04.619	仿真类型	simulation type	
04.620	数学仿真	mathematical simulation	
04.621	物理仿真	physical simulation	
04.622	外形结构仿真	configuration simulation	
04.623	功能仿真	functional simulation	
04.624	实时仿真	real time simulation	
04.625	超实时仿真	faster–than–real–time simulation	
04.626	欠实时仿真	slower–than–real–time simulation	

序码	汉文名	英文名	注释
04.627	半实物仿真	semi-physical simulation, hardware-in-the-loop simulation	
04.628	计算机仿真	computer simulation	
04.629	面向事件的仿真	event-oriented simulation	
04.630	面向动作的仿真	action-oriented simulation	
04.631	面向过程的仿真	process-oriented simulation	
04.632	数字仿真	digital simulation	
04.633	模拟仿真	analog simulation	
04.634	混合仿真	hybrid simulation	
04.635	快速仿真	high speed simulation	
04.636	特殊仿真技术	special simulation technique	
04.637	飞行仿真	flight simulation	
04.638	批处理仿真	batch processing simulation	
04.639	交互式多次运行仿真	interactive multi-run simulation	
04.640	多用户仿真	multi-user simulation	
04.641	仿真过程	simulation process	
04.642	仿真[方]框图	simulation block diagram	
04.643	仿真作业	simulation job	
04.644	仿真速度	simulation velocity	
04.645	仿真实验	simulation experiment	
04.646	仿真实验设计	design of simulation experiment	
04.647	仿真实验分析	analysis of simulation experiment	
04.648	仿真时钟	simulation clock	
04.649	仿真运行	simulation run	
04.650	仿真中断	simulated interrupt	
04.651	仿真评价	simulation evaluation	
04.652	仿真结果	simulation result	
04.653	模拟计算机	analog computer	
04.654	数字仿真计算机	digital simulation computer	
04.655	[数字模拟]混合计算机	[digital-analog] hybrid computer	
04.656	仿真器	simulator	
04.657	飞行仿真器	flight simulator	
04.658	运动仿真器	motion simulator	
04.659	目标仿真器	target simulator	
04.660	背景仿真器	background simulator	

序码	汉文名	英文名	注释
04.661	弹体–目标相对运动仿真器	missile–target relative movement simulator	
04.662	加速度仿真器	acceleration simulator	
04.663	太阳仿真器	sun simulator	
04.664	地球仿真器	earth simulator	
04.665	数字模拟仿真器	digital–analog simulator	
04.666	训练仿真器	training simulator	
04.667	工程仿真器	engineering simulator	
04.668	仿真中心	simulation centre	
04.669	仿真工作站	simulation work station	
04.670	仿真实验室	simulation laboratory	
04.671	仿真系统	simulation system	
04.672	计算机仿真系统	computer simulation system	
04.673	仿真支持系统	simulation support system	
04.674	仿真专家系统	simulation expert system	
04.675	仿真设备	simulation equipment	
04.676	单轴转台	single axle table	
04.677	三轴转台	three–axle table	
04.678	仿真软件	simulation software	
04.679	智能化仿真软件	intellectualized simulation software	
04.680	仿真程序	simulation program	
04.681	仿真语言	simulation language	
04.682	连续系统仿真语言	continuous system simulation language	
04.683	离散系统仿真语言	discrete system simulation language	
04.684	离散事件系统仿真语言	discrete event system simulation language	
04.685	连续离散系统仿真语言	continuous discrete system simulation language	
04.686	连续离散事件系统仿真语言	continuous discrete event system simulation language	
04.687	仿真信息库	simulation information library	
04.688	仿真模型库	simulation model library	
04.689	仿真图形库	simulation graphic library	
04.690	仿真数据库	simulation data base	

序码	汉文名	英文名	注释
04.691	仿真实验模式库	simulation experiment mode library	
04.692	仿真算法库	simulation algorithm library	
04.693	仿真知识库	simulation knowledge base	
04.694	仿真数据	simulated data	

05. 模式识别、智能控制与机器人

序码	汉文名	英文名	注释

05.1 模式识别与智能控制

序码	汉文名	英文名	注释
05.001	图灵机	Turing machine	
05.002	图灵实验	Turing test	
05.003	形式语言	formal language	
05.004	形式语言理论	formal language theory	
05.005	串文法	string grammar	
05.006	上下文无关文法	context-free grammar	
05.007	上下文敏感文法	context-sensitive grammar	
05.008	自动机	automaton	
05.009	下推自动机	pushdown automaton	
05.010	有限自动机	finite automaton	
05.011	确定性自动机	deterministic automaton	
05.012	随机有限自动机	stochastic finite automaton	
05.013	随机文法	stochastic grammar	
05.014	随机下推自动机	stochastic pushdown automaton	
05.015	扩展的转移网络	augmented transition network, ATN	
05.016	转移图	transition diagram	
05.017	转换文法	transformation grammar	
05.018	导出树	derivation tree	
05.019	重写规则	rewriting rule	
05.020	非终止符	nonterminal	
05.021	人工智能	artificial intelligence, AI	
05.022	智能计算机	intelligent computer	
05.023	知识工程	knowledge engineering	
05.024	智能系统	intelligent system	

序码	汉文名	英文名	注释
05.025	思维科学	noetic science	
05.026	认知科学	cognitive science	
05.027	长期记忆	long term memory, LTM	
05.028	短期记忆	short term memory, STM	
05.029	专家系统	expert system, ES	
05.030	实时专家系统	real time expert system	
05.031	通用解题者	general problem solver, GPS	
05.032	组合爆炸	combinatorial explosion	
05.033	逻辑模型	logical model	
05.034	谓词逻辑	predicate logic	
05.035	一阶谓词逻辑	first order predicate logic	
05.036	非单调逻辑	nonmonotonic logic	
05.037	模糊逻辑	fuzzy logic	
05.038	多态逻辑	multistate logic	
05.039	推理机	inference engine	
05.040	推理模型	inference model	
05.041	推理策略	inference strategy	
05.042	归结原理	resolution principle	
05.043	推理网络	reasoning network	
05.044	正向推理	forward reasoning	
05.045	双向推理	bidirection reasoning	
05.046	反向推理	backward reasoning	
05.047	知识推理	knowledge inference	
05.048	知识获取	knowledge acquisition	
05.049	知识表达	knowledge representation	
05.050	语义网络	semantic network	
05.051	框架	framework	
05.052	元规则	meta-rule	
05.053	元知识	meta-knowledge	
05.054	知识模型	knowledge model	
05.055	知识同化	knowledge assimilation	
05.056	知识顺应	knowledge accomodation	
05.057	启发[式]规则	heuristic rule	
05.058	启发[式]搜索	heuristic search	
05.059	启发[式]推理	heuristic inference	
05.060	模板匹配	template matching	
05.061	启发[式]知识	heuristic knowledge	

序码	汉文名	英文名	注释
05.062	图形库	graphic library	
05.063	事实库	fact base	
05.064	规则库	rule base	
05.065	综合数据库	global data base	
05.066	知识库	knowledge base , KB	
05.067	知识库管理系统	knowledge base management system, KBMS	
05.068	定性物理模型	qualitative physical model	
05.069	符号处理	symbol processing	
05.070	物理符号系统	physical symbol system	
05.071	自然语言理解	natural language understanding	
05.072	自然语言生成	natural language generation	
05.073	定理证明	theorem proving	
05.074	自动程序设计	automatic programming	
05.075	广度优先搜索	breadth–first search	
05.076	深度优先搜索	depth–first search	
05.077	最佳优先搜索	best–first search	
05.078	图搜索	graph search	
05.079	盲目搜索	blind search	
05.080	黑板框架	blackboard framework	
05.081	回溯	backtrack	
05.082	数据驱动	data driven	
05.083	目标驱动	goal driven	
05.084	分布式结构	distributed structure	
05.085	领域知识	domain knowledge	
05.086	递阶规划	hierarchical planning	
05.087	机器智能	machine intelligence	
05.088	产生式规则	production rule	
05.089	产生式系统	production system	
05.090	关系代数	relational algebra	
05.091	符号模式	symbolic pattern	
05.092	与或图	and / or graph	
05.093	生成函数	generation function	
05.094	评价函数	evaluation function	
05.095	自学习	self–learning	
05.096	自组织	self–organizing	
05.097	自规划	self–planning	

序码	汉文名	英文名	注释
05.098	自编程	self-programming	
05.099	自调整	self-regulating	
05.100	自修复	self-repairing	
05.101	学习系统	learning system	
05.102	神经网络计算机	neural network computer	
05.103	连接机制	connectionism	
05.104	联想记忆	associative memory	
05.105	解释	explanation	
05.106	人机交互	man-machine interaction	
05.107	工效学	ergonomics	是一门研究人与其所处工作和生活环境之间相互关系，以适应人体解剖学、生理学、心理学要求，从而达到提高工作效率和安全、健康、舒适为目的的学科。
05.108	交互系统	interactive system	
05.109	决策支持系统	decision support system, DSS	
05.110	智能决策支持系统	intelligent decision support system, IDSS	
05.111	模式识别	pattern recognition, PR	
05.112	句法模式识别	syntactic pattern recognition	
05.113	统计模式识别	statistic pattern recognition	
05.114	分类器	classifier	
05.115	聚类	cluster	
05.116	聚类分析	cluster analysis	
05.117	贝叶斯分类器	Bayes classifier	
05.118	贝叶斯学习	Bayesian learning	
05.119	非参数训练	nonparametric training	
05.120	监督训练	supervised training	
05.121	非监督学习	unsupervised learning	
05.122	判别函数	discriminant function	
05.123	句法分析	syntactic analysis	
05.124	短语结构文法	phrase-structure grammar	
05.125	纠错剖析	error-correcting parsing	
05.126	文法推断	grammatical inference	

序码	汉文名	英文名	注释
05.127	模式基元	pattern primitive	
05.128	特征检测	feature detection	
05.129	特征抽取	feature extraction	
05.130	匹配准则	matching criterion	
05.131	最近邻	nearest-neighbor	
05.132	模板库	template base	
05.133	纹理	texture	
05.134	语音识别	speech recognition	
05.135	物景分析	scene analysis	
05.136	图象识别	image recognition	
05.137	智能控制	intelligent control	
05.138	智能控制系统	intelligent control system	
05.139	智能管理	intelligent management	
05.140	智能管理系统	intelligent management system	
05.141	智能机器	intelligent machine	
05.142	智能仪表	intelligent instrument	
05.143	智能仿真	intelligent simulation	
05.144	专家控制	expert control	
05.145	自寻优控制	self-optimizing control	
05.146	模型跟踪控制器	model following controller	
05.147	模型跟踪控制系统	model following control system	
05.148	自校正	self-tuning	
05.149	自校正控制	self-tuning control	
05.150	适应控制系统	adaptive control system	
05.151	适应控制器	adaptive controller	
05.152	模型参考适应控制系统	model reference adaptive control system	
05.153	模型参考控制系统	model reference control system	
05.154	计算机视觉	computer vision	

05.2 机　器　人

05.155	机器人	robot	
05.156	机械手	manipulator	
05.157	机器人学	robotics	
05.158	机器人系统	robot system	

序码	汉文名	英文名	注释
05.159	固定顺序机械手	fixed sequence manipulator	
05.160	示教再现式机器人	playback robot	
05.161	移动式机器人	mobile robot	
05.162	工业机器人	industrial robot	
05.163	智能机器人	intelligent robot	
05.164	驱动器	actuator	
05.165	末端器	end-effector	
05.166	基座	base	
05.167	本体	body	
05.168	直角坐标型机器人	rectangular robot, Cartesian robot	
05.169	圆柱坐标型机器人	cylindrical robot	
05.170	极坐标型机器人	polar robot	
05.171	关节型机器人	revolute robot, articulated robot	
05.172	平面关节型机器人	selective compliance assembly robot arm, SCARA	
05.173	关节	joint	
05.174	位姿	pose	位置与姿态。
05.175	指令位姿	command pose	
05.176	实际位姿	attained pose	
05.177	路径	path	
05.178	基座坐标系	base coordinate system	
05.179	关节坐标系	joint coordinate system	
05.180	可动空间	motion space	
05.181	最大空间	maximum space	
05.182	作业空间	working space	
05.183	安全空间	safety space	
05.184	作业程序	task program	
05.185	手动数据输入编程	manual data input programming	又称“人工数据输入编程”。
05.186	示教编程	teaching programming	
05.187	机器人编程语言	robot programming language	
05.188	指令级语言	instruction level language	
05.189	动作级语言	motion level language	
05.190	作业级语言	task level language	

序码	汉文名	英文名	注释
05.191	点位控制	point-to-point control	
05.192	路径控制	path control	
05.193	感觉控制	sensory control	
05.194	柔顺	compliance	又称“顺应”。
05.195	自动运转方式	automatic operating mode	
05.196	手动运转方式	manual operating mode	
05.197	异常停止	emergency stop	
05.198	作业周期	task cycle	
05.199	位姿精[确]度	pose accuracy	
05.200	位姿可重复性	pose repeatability	
05.201	实际位姿漂移	attained pose drift	
05.202	位姿稳定时间	pose stabilization time	
05.203	位姿过调量	pose overshoot	
05.204	路径精[确]度	path accuracy	
05.205	路径可重复性	path repeatability	
05.206	最小定位时间	minimum positioning time	

06. 经济控制与生物控制论

序码	汉文名	英文名	注释

06.1 经济控制

序码	汉文名	英文名	注释
06.001	经济控制	economic control	
06.002	经济控制论	economic cybernetics	
06.003	经济控制理论	economic control theory	
06.004	成本控制	cost control	
06.005	分批控制	job-lot control	又称“分批管理”。
06.006	利润控制	profit control	
06.007	统计控制	statistical control	
06.008	经济管理系统	economic management system	
06.009	管理信息系统	management information system, MIS	
06.010	办公信息系统	office information system, OIS	
06.011	办公自动化	office automation, OA	
06.012	办公自动化系统	office automation system, OAS	
06.013	会计信息系统	accounting information system	

序码	汉文名	英文名	注　释
06.014	库存管理系统	inventory management system	
06.015	经济管理信息系统	economic management information system	
06.016	专家管理系统	expert management system	
06.017	经济管理专家系统	economic management expert system	
06.018	多级管理系统	multilevel management system	
06.019	多层管理系统	multistratum management system	
06.020	多段管理系统	multistage management system	
06.021	微观经济系统	micro–economic system	
06.022	宏观经济系统	macro–economic system	
06.023	集中管理系统	centralized management system	
06.024	分散管理系统	decentralized management system	又称"分权管理系统"。
06.025	管理科学	management science	
06.026	管理决策	management decision	
06.027	组合决策	combination decision	
06.028	经济决策	economic decision	
06.029	投资决策	investment decision	
06.030	广义建模	generalized modeling	
06.031	全球模型	global model, world model	又称"世界模型"。
06.032	国家模型	national model	
06.033	区域模型	regional model	
06.034	经济模型	economic model	
06.035	微观经济模型	micro–economic model	
06.036	宏观经济模型	macro–economic model	
06.037	数量经济模型	numerical economic model	
06.038	计量经济模型	econometric model	
06.039	蛛网模型	cobweb model	
06.040	内生变量	endogenous variable	
06.041	外生变量	exogenous variable	
06.042	正系统	positive system	
06.043	经济分析	economic analysis	
06.044	经济评价	economic evaluation	
06.045	经济数据	economic data	
06.046	经济指标	economic indicator	
06.047	经济指数	economic index	

序码	汉文名	英文名	注释
06.048	经济效益	economic effectiveness	
06.049	经济环境	economic environment	
06.050	经济预测	economic forecast	
06.051	利润预测	profit forecast	
06.052	销售预测	sales forecast	
06.053	统计预测	statistical forecast	
06.054	统计分析	statistical analysis	
06.055	趋势分析	trend analysis	
06.056	长期规划	long term planning	
06.057	中期规划	medium term planning	
06.058	短期计划	short term planning	
06.059	生产函数	production function	
06.060	消费函数	consumption function	
06.061	生产预算	production budget	
06.062	需求弹性	elasticity of demand	
06.063	均衡增长	equilibrium growth	
06.064	一般均衡理论	general equilibrium theory	
06.065	一般均衡模型	general equilibrium model	
06.066	可计算一般均衡模型	computable general equilibrium model	
06.067	非均衡系统	nonequilibrium system	
06.068	零基预算	zero-based budget	
06.069	资源分配	resource allocation	
06.070	资源优化	resource optimization	
06.071	任务优化	task optimization	
06.072	任务分配	task allocation	
06.073	投入产出分析	input-output analysis	
06.074	投入产出表	input-output table	
06.075	投入产出模型	input-output model	
06.076	静态投入产出模型	static input-output model	
06.077	动态投入产出模型	dynamic input-output model	
06.078	收益成本分析	benefit-cost analysis	
06.079	最小成本投入	least cost input	
06.080	最低回收率	lowest rate of return	
06.081	最低收益率	minimum rate of benefit	

序码	汉文名	英文名	注释
06.082	影子价格	shadow price	
06.083	最低储备	minimum reserve	
06.084	最小成本规划	minimum cost programming	
06.085	最大利润规划	maximum profit programming	
06.086	投资搭配理论	portfolio theory	
06.087	大道原理	principle of turnpike	
06.088	社会控制论	socio-cybernetics	
06.089	人口控制论	population cybernetics	
06.090	组织机构图	organization chart	

06.2 生物控制论

06.091	生物控制论	biocybernetics	
06.092	生物控制系统	biological control system	
06.093	生物反馈	biofeedback	
06.094	生物反馈系统	biological feedback system	
06.095	生物系统模型	biological system model	
06.096	临床控制系统	clinical control system	
06.097	诊断模型	diagnostic model	
06.098	治疗模型	therapy model	
06.099	剂量反应模型	dose-response model	
06.100	房室模型	compartmental model	
06.101	神经控制	neural control	
06.102	内分泌控制	hormonal control	
06.103	肌电控制	myoelectric control	
06.104	生物节律	biorhythm	
06.105	功能电刺激	functional electrical stimulation, FES	
06.106	内稳态	homeostasis	
06.107	回响	reverberation	
06.108	感受野	receptive field	
06.109	神经控制论	neuro-cybernetics	
06.110	形式神经元	formal neuron	
06.111	神经集合	neural assembly	
06.112	神经网络	neural network	
06.113	脑模型	brain model	
06.114	联想记忆模型	associative memory model	
06.115	认知机	cognitron	

序 码	汉 文 名	英 文 名	注 释
06.116	感知机	perceptron	
06.117	学习矩阵	learning matrix	
06.118	线性适应元	adaptive linear element, adaline	
06.119	玻耳兹曼机	Boltzman machine	
06.120	联想机	associatron	
06.121	突触可塑性	synaptic plasticity	
06.122	侧抑制网络	lateral inhibition network	
06.123	自组织系统	self-organizing system	
06.124	自繁殖系统	self-reproducing system	

英 汉 索 引

A

absolute stability 绝对稳定性 02.112
abstract system 抽象系统 03.213
ac-ac frequency converter 交-交变频器 04.379
acceleration error 加速度误差 02.089
acceleration error coefficient 加速度误差系数 02.095
acceleration feedback 加速度反馈 01.118
acceleration function 加速度函数 01.144
acceleration simulator 加速度仿真器 04.662
acceleration transducer 加速度传感器 04.118
accelerometer 加速度传感器 04.118，加速度计 04.506
acceptance testing 验收测试 04.304
accessibility 可及性 03.348
accounting information system 会计信息系统 06.013
accumulated error 积累误差 02.085
ac-dc-ac frequency converter 交-直-交变频器 04.380
ac electric drive 交流电气传动 04.346
action-oriented simulation 面向动作的仿真 04.630
active attitude stabilization 主动姿态稳定 04.433
actuator 驱动器 05.164，执行机构 04.179
adaline 线性适应元 06.118
adaptation layer 适应层 03.175
adaptive controller 适应控制器 05.151
adaptive control system 适应控制系统 05.150
adaptive filtering 适应滤波 02.318
adaptive linear element 线性适应元 06.118
adaptive prediction 适应预报 02.322
adaptive telemetering system 适应遥测系统 04.535
ADC 模数转换器 04.127
A / D conversion 模数转换 04.240
A / D converter 模数转换器 04.127
additional pole 附加极点 02.024
additional zero 附加零点 02.023
adjoint operator 伴随算子 02.234
adjoint system 伴随系统 01.082
adjustable speed electric drive 调速电气传动 04.349
admissible error 容许误差 02.086
aggregation 集结 03.132
aggregation matrix 集结矩阵 03.134
AHP 层次分析法 03.217
AI 人工智能 05.021
alarm 报警器 04.160
allocation problem 配置问题，* 分配问题 03.266
alternating current electric drive 交流电气传动 04.346
alternative 备选方案 03.244
amplifier 放大器 04.371
amplifying element 放大环节 01.087
amplitude-frequency characteristics 幅频特性 02.174
amplitude response 幅值响应 01.162
analog computer 模拟计算机 04.653
analog control 模拟控制 01.041
analog data 模拟数据 04.234
analog-digital conversion 模数转换 04.240
analog-digital converter 模数转换器 04.127
analog input 模拟输入 04.235
analog measuring instrument 模拟[式]测量仪表 04.021
analog model 模拟模型 03.337
analog output 模拟输出 04.236
analog signal 模拟信号 01.136
analog simulation 模拟仿真 04.633

analog system 模拟系统 01.071
analog telemetering system 模拟遥测系统 04.534
analysis of simulation experiment 仿真实验分析 04.647
analytic hierarchy process 层次分析法 03.217
and / or graph 与或图 05.092
annunciator 信号器 04.163
antenna pointing control 天线指向控制 04.445
anti-integral windup 抗积分饱卷 01.033
AOCE 姿态轨道控制电路 04.448
AOCS 姿态和轨道控制系统 04.404
aperiodic decomposition 非周期分解 03.032
a posteriori estimate 后验估计 03.268
approximate reasoning 近似推理 03.239
a priori estimate 先验估计 03.267
articulated robot 关节型机器人 05.171
artificial intelligence 人工智能 05.021
assessment technique 评价技术 03.238
assignment problem 配置问题, * 分配问题 03.266
associative memory 联想记忆 05.104
associative memory model 联想记忆模型 06.114
associatron 联想机 06.120
asymptotic stability 渐近稳定性 02.119
ATN 扩展的转移网络 05.015
attained pose 实际位姿 05.176
attained pose drift 实际位姿漂移 05.201
attitude acquisition 姿态捕获 04.413
attitude and orbit control electronics 姿态轨道控制电路 04.448
attitude and orbit control system 姿态和轨道控制系统 04.404
attitude angle 姿态角 04.430
attitude angular velocity 姿态角速度 04.431
attitude control 姿态控制 04.402
attitude control accuracy 姿态控制精[确]度 04.450
attitude control law 姿态控制[规]律 04.466
attitude determination 姿态确定 04.420
attitude disturbance 姿态扰动 04.425
attitude drift 姿态漂移 04.424
attitude dynamics 姿态动力学 04.457
attitude error 姿态误差 04.422
attitude maneuver 姿态机动 04.414
attitude measurement 姿态测量 04.419
attitude motion 姿态运动 04.423
attitude parameter 姿态参数 04.417
attitude prediction 姿态预测 04.421
attitude reconstruction 姿态重构 04.426
attitude sensor 姿态敏感器 04.474
attitude stabilization 姿态稳定 04.432
attractor 吸引子 03.205
augmentability 可扩充性 04.320
augmented system 增广系统 03.106
augmented transition network 扩展的转移网络 05.015
automatic control 自动控制 01.001
automatic control system 自动控制系统 01.045
automatic data processing 自动数据处理 04.258
automatic flight control system 自动飞行控制系统 04.512
automatic landing system 自动着陆系统 04.514
automatic manual station 自动-手动操作器 04.165
automatic operating mode 自动运转方式 05.195
automatic programming 自动程序设计 05.074
automatic tracking 自动跟踪 04.392
automation 自动化 01.004
automaton 自动机 05.008
autonomous navigation 自主导航 04.407
autonomous station keeping 自主位置保持 04.412
autonomous system 自治系统, * 自主系统 03.102
autopilot 自动驾驶仪 04.513

B

background simulator　背景仿真器　04.660
backlash characteristics　间隙特性　01.100
backtrack　回溯　05.081
backward reasoning　反向推理　05.046
ball valve　球阀　04.189
base　基座　05.166
base coordinate system　基座坐标系　05.178
batch processing simulation　批处理仿真　04.638
Bayes classifier　贝叶斯分类器　05.117
Bayesian learning　贝叶斯学习　05.118
bearing alignment　方位对准　04.511
bearing angle　方位角　04.509
behavioural science　行为科学　03.366
bellows pressure gauge　波纹管压力表　04.039
benefit-cost analysis　收益成本分析　06.078
best-first search　最佳优先搜索　05.077
bidirection reasoning　双向推理　05.045
bilinear system　双线性系统　01.080
biocybernetics　生物控制论　06.091
biofeedback　生物反馈　06.093
biological control system　生物控制系统　06.092
biological feedback system　生物反馈系统　06.094
biological system model　生物系统模型　06.095
biorhythm　生物节律　06.104
blackboard framework　黑板框架　05.080
black box　黑箱　03.194
black box testing approach　黑箱测试法　04.298
blind search　盲目搜索　05.079
block diagonalization　块对角化　03.163
block diagram　框图　02.036
Bode diagram　伯德图　02.178
body　本体　05.167
Boltzman machine　玻耳兹曼机　06.119
bottom-up development　自下而上开发　04.287
bottom-up testing　自下而上测试　04.289
boundary control　边界控制　02.282
boundary value analysis　边界值分析　04.300
brain model　脑模型　06.113
brainstorming method　智暴法，* 头脑风暴法　03.216
braking　制动　04.395
breadth-first search　广度优先搜索　05.075
butterfly valve　蝶阀　04.187

C

CAA　计算机辅助分析　04.281
CACE　计算机辅助控制工程　04.272
CAD　计算机辅助设计　04.269
CADCS　控制系统计算机辅助设计　04.284
CAE　计算机辅助工程　04.273
CAI　计算机辅助教学　04.276
CAL　计算机辅助学习　04.283
CAM　计算机辅助制造　04.282
Camflex valve　偏心旋转阀　04.188
canonical state variable　规范化状态变量　02.215
CAP　计算机辅助规划　04.270
capacitive displacement transducer　电容式位移传感器　04.090
capacitive force transducer　电容式力传感器　04.107
CAPP　计算机辅助生产计划　04.277
capsule pressure gauge　膜盒压力表　04.037
CAQC　计算机辅助质量控制　04.271
CARD　计算机辅助研究开发　04.278
Cartesian robot　直角坐标型机器人　05.168
cascade compensation　串联补偿　02.160
cascaded electric drive　串级电气传动　04.354
cascade system　串级系统　03.111

CAT 计算机辅助测试 04.279
catastrophe theory 突变论 03.356
centrality 集中性 03.146
centralized control 集中控制 03.100
centralized management system 集中管理系统 06.023
chained aggregation 链式集结 03.135
chaos 混沌 03.195
characteristic locus 特征轨迹 02.230
chemical process automation 化工自动化 04.018
chemical propulsion 化学推进 04.495
CIMS 计算机集成制造系统，* 计算机综合制造系统 04.325
clarity 清晰性 04.319
classical control theory 经典控制理论 01.014
classical information pattern 经典信息模式 03.157
classifier 分类器 05.114
clinical control system 临床控制系统 06.096
closed loop 闭环 01.104
closed loop control 闭环控制 01.019
closed loop control system 闭环控制系统 01.074
closed loop gain 闭环增益 02.026
closed loop pole 闭环极点 02.028
closed loop process control 闭环过程控制 04.003
closed loop remote control system 闭环遥控系统 04.524
closed loop stability 闭环稳定性 02.118
closed loop telemetering system 闭环遥测系统 04.533
closed loop transfer function 闭环传递函数 02.025
closed loop zero 闭环零点 02.027
closed system 封闭系统 03.180
cluster 聚类 05.115
cluster analysis 聚类分析 05.116
coarse fine control 粗-精控制 04.381
cobweb model 蛛网模型 06.039
coefficient matrix 系数矩阵 02.217
cognitive science 认知科学 05.026
cognitron 认知机 06.115
coherent system 单调关联系统 03.316
combination decision 组合决策 06.027
combinatorial explosion 组合爆炸 05.032
combined pressure and vacuum gauge 压力真空表 04.035
command language mode 指令语言式 04.307
command pose 指令位姿 05.175
companion matrix 相伴矩阵 02.226
comparing element 比较环节 01.092, 比较元件 04.198
compartmental model 房室模型 06.100
compatibility 相容性，* 兼容性 03.230
compatibility principle 相容原理 03.231
compensating network 补偿网络 02.159
compensation 补偿，* 校正 02.156
competition decision 竞争决策 03.302
complete controllability 完全可控性，* 完全能控性 02.257
complete observability 完全可观测性，* 完全能观测性 02.252
complex system 复杂系统 03.179
compliance 柔顺，* 顺应 05.194
composite control 组合控制 03.101
compound control 复合控制 01.020
compound control system 复合控制系统 04.012
compound system 复合系统 03.099
computable general equilibrium model 可计算一般均衡模型 06.066
computer aided analysis 计算机辅助分析 04.281
computer aided control engineering 计算机辅助控制工程 04.272
computer aided debugging 计算机辅助故障诊断 04.274
computer aided design 计算机辅助设计 04.269
computer aided design of control system 控制系统计算机辅助设计 04.284
computer aided engineering 计算机辅助工程 04.273

computer aided manufacturing 计算机辅助制造 04.282
computer aided planning 计算机辅助规划 04.270
computer aided production planning 计算机辅助生产计划 04.277
computer aided quality control 计算机辅助质量控制 04.271
computer aided quality management 计算机辅助质量管理 04.275
computer aided researching and developing 计算机辅助研究开发 04.278
computer aided testing 计算机辅助测试 04.279
computer assisted instruction 计算机辅助教学 04.276
computer assisted learning 计算机辅助学习 04.283
computer assisted management 计算机辅助管理 04.280
computer control 计算机控制 04.205
computer control system 计算机控制系统 04.213
computer integrated manufacturing system 计算机集成制造系统，* 计算机综合制造系统 04.325
computer simulation 计算机仿真 04.628
computer simulation system 计算机仿真系统 04.672
computer vision 计算机视觉 05.154
conditional instability 条件不稳定性 02.115
conditionally stable system 条件稳定系统 02.107
conditional stability 条件稳定性 02.114
configuration 组态 04.230
configuration simulation 外形结构仿真 04.622
connectionism 连接机制 05.103
connective stability 连结稳定性 03.125
connectivity 连结性 03.124
conservative system 守恒系统 03.199
consistency 一致性 03.233
constraint condition 约束条件 02.278
consumption function 消费函数 06.060
context-free grammar 上下文无关文法 05.006
context-sensitive grammar 上下文敏感文法 05.007
continuous control 连续控制 01.021
continuous control system 连续控制系统 01.046
continuous discrete event hybrid system model 连续离散事件混合系统模型 04.597
continuous discrete event hybrid system simulation 连续离散事件混合系统仿真 04.551
continuous discrete event system simulation language 连续离散事件系统仿真语言 04.686
continuous discrete hybrid system model 连续离散混合系统模型 04.596
continuous discrete hybrid system simulation 连续离散混合系统仿真 04.550
continuous discrete system simulation language 连续离散系统仿真语言 04.685
continuous duty 连续工作制 04.383
continuous system model 连续系统模型 04.593
continuous system simulation 连续系统仿真 04.547
continuous system simulation language 连续系统仿真语言 04.682
control accuracy 控制精[确]度 04.393
control augmentation system 增控系统 04.516
control board 控制板 04.367
control box 控制箱 04.370
control cabinet 控制柜 04.369
control computer interface 控制计算机接口 04.233
[control] console 控制台 04.193
control cubicle 控制柜 04.369
control element 控制元件 04.199, 控制环节 04.200
control engineering 控制工程 01.002
control equipment 控制设备 04.194
controllability 可控性，* 能控性 02.256
controllability index 可控指数，* 能控指数

02.259
controllability matrix　可控性矩阵，* 能控性矩阵　02.260
controllable canonical form　可控规范型，* 能控规范型　02.258
control law　控制律　01.166
[controlled] plant　控制对象，* 被控对象　01.083
controlled variable　被控变量，* 受控变量　01.127
controller　控制器　04.139
controlling instrument　控制仪表　04.138
control loop　控制回路　01.125
control moment gyro　控制力矩陀螺　04.498
control panel　控制屏，* 控制盘　04.368
control range　控制范围　04.391
control signal　控制信号　01.167
control software　控制软件　04.227
control station　控制站　04.343
control synchro　控制[式]自整角机　04.203
control system analysis　控制系统分析　02.144
control system design　控制系统设计　02.145
control system simulation　控制系统仿真　04.554
control system synthesis　控制系统综合　02.146
control technique　控制技术　01.006
control theory　控制理论　01.009
control time horizon　控制时程　03.046
control valve　控制阀　04.170
control variable　控制变量　01.126
converter　变流器　04.372
cooperative game　合作对策　03.306
coordinability　可协调性　03.034
coordinability condition　可协调条件　03.116
coordination　协调　03.033
coordination control　协调控制　03.105
coordination strategy　协调策略　03.113
coordination system　协调系统　03.104
coordinator　协调器　03.044
corner frequency　转折频率　02.170
costate variable　共态变量　03.074
cost control　成本控制　06.004
cost-effectiveness analysis　费用效益分析　03.227
coupled system　耦合系统　03.002
coupling of orbit and attitude　轨道和姿态耦合　04.427
courseware　课件　04.294
CPM　关键路径法　03.347
critical damping　临界阻尼　02.048
critical path method　关键路径法　03.347
critical stability　临界稳定性　02.123
critical stable state　临界稳定状态　02.124
cross-over frequency　穿越频率，* 交越频率　02.172
current source inverter　电流[源]型逆变器　04.375
cut-off frequency　截止频率　02.171
cybernetic machine　控制论机器　03.187
cybernetics　控制论　01.007
cybernetic system　控制论系统　03.186
cyclic remote control　循环遥控　04.530
cylindrical robot　圆柱坐标型机器人　05.169

D

DAC　数模转换器　04.128
D/A conversion　数模转换　04.241
D/A converter　数模转换器　04.128
damped frequency　阻尼频率　02.043
damped oscillation　阻尼振荡　02.047
damper　阻尼器　04.169
damping action　阻尼作用　02.046
damping constant　阻尼常数　02.044
damping ratio　阻尼比　02.045
Dantzig-Wolfe algorithm　丹齐格-沃尔夫算法　03.209
data acquisition　数据采集　04.260
data base　数据库　03.342
data base management system　数据库管理系统　03.343
data communication　数据通信　04.244

data driven　数据驱动　05.082
data encryption　数据加密　04.252
data flow diagram　数据流图　04.293
data logger　数据记录装置　04.135
data logging　数据记录　04.261
data preprocessing　数据预处理　04.259
data processing　数据处理　04.254
data processing system　数据处理系统　04.255
data processor　数据处理器　04.256
data transfer　数据传递　04.246
DB　数据库　03.342
DBMS　数据库管理系统　03.343
dc electric drive　直流电气传动　04.345
dc generator-motor set drive　直流发电机-电动机组传动　04.353
D controller　微分控制器，* D 控制器　04.145
DDBMS　分布式数据库管理系统　04.215
DDC　直接数字控制　04.206
dead band　死区　01.098
dead zone　死区　01.098
decentrality　分散性　03.147
decentralization　分散化　03.148
decentralized control　分散控制　03.149
decentralized control system　分散控制系统　03.150
decentralized filtering　分散滤波　03.151
decentralized management system　分散管理系统，* 分权管理系统　06.024
decentralized model　分散模型　03.152
decentralized robust control　分散鲁棒控制　03.154
decentralized stabilization　分散镇定　03.153
decentralized stochastic control　分散随机控制　03.155
decision analysis　决策分析　03.298
decision model　决策模型　03.295
decision program　决策程序　03.296
decision space　决策空间　03.292
decision support system　决策支持系统　05.109
decision theory　决策[理]论　03.288
decision tree　决策树　03.293
decomposition　分解　03.023
decomposition-aggregation approach　分解集结法　03.029
decomposition-coordination approach　分解协调法　03.036
decoupled subsystem　解耦子系统　03.006
decoupled system　解耦系统　03.005
decoupled zero　解耦零点　03.008
decoupling　解耦　03.001
decoupling parameter　解耦参数　03.007
DEDS　离散事件动态系统　03.215
deductive-inductive hybrid modeling method　演绎与归纳混合建模法　04.577
deductive modeling method　演绎建模法　04.575
delayed telemetry　延时遥测　04.527
delay time　延迟时间，* 延时　02.061
depth-first search　深度优先搜索　05.076
derivation tree　导出树　05.018
derivative control　微分控制　01.034
derivative controller　微分控制器，* D 控制器　04.145
derivative feedback　微分反馈　01.120
describing function　描述函数　02.185
design automation　设计自动化　04.268
design of simulation experiment　仿真实验设计　04.646
desired value　希望值　02.076
despinner　消旋体　04.464
destination　目的站　04.336
detectability　可检测性，* 能检测性　02.261
detector　检出器　04.023
deterministic automaton　确定性自动机　05.011
deterministic control system　确定性控制系统　01.052
deterministic model　确定性模型　03.332
developing system　发展中系统，* 进化系统　03.355
deviation　偏差　02.096
deviation alarm　偏差报警器　04.162
deviation control　偏差控制　01.024
deviation signal　偏差信号　01.133
DFD　数据流图　04.293
diagnostic model　诊断模型　06.097

diagonally dominant matrix 对角主导矩阵 03.011
diaphragm pressure gauge 膜片压力表 04.038
diaphragm valve 隔膜阀 04.190
difference equation model 差分方程模型 04.603
differential dynamical system 微分动力学系统 03.214
differential equation model 微分方程模型 04.602
differential game 微分对策 03.308
differential pressure controller 差压控制器 04.048
differential pressure flowmeter 差压式流量计 04.052
differential pressure levelmeter 差压液位计 04.069
differential pressure sensor 差压传感器 04.046
differential pressure switch 差压开关 04.049
differential pressure transducer 差压传感器 04.046
differential pressure transmitter 差压变送器 04.047
differential transformer displacement transducer 差动变压器式位移传感器 04.089
differentiation element 微分环节，* 超前环节 01.090
digital-analog conversion 数模转换 04.241
digital-analog converter 数模转换器 04.128
[digital-analog] hybrid computer [数字模拟]混合计算机 04.655
digital-analog simulator 数字模拟仿真器 04.665
digital communication 数字通信 04.245
digital compensation 数字补偿 04.228
digital control 数字控制 01.042
digital controller 数字控制器 04.226
digital control system 数字控制系统 01.049
digital data 数字数据 04.237
digital data acquisition system 数字数据采集系统 04.218
digital data processing system 数字数据处理系统 04.217
digital feedback system 数字反馈系统 02.195
digital filter 数字滤波器 04.229
digital information processing system 数字信息处理系统 04.219
digital input 数字输入 04.238
digital measuring instrument 数字[式]测量仪表 04.022
digital output 数字输出 04.239
digital signal 数字信号 01.137
digital signal processing 数字信号处理 04.249
digital simulation 数字仿真 04.632
digital simulation computer 数字仿真计算机 04.654
digital system 数字系统 01.072
digital telemetering system 数字遥测系统 04.531
digitization 数字化 04.225
digitizer 数字化仪 04.242
dimension transducer 尺度传感器 04.078
direct control layer 直接控制层 03.178
direct coordination 直接协调 03.038
direct current electric drive 直流电气传动 04.345
direct digital control 直接数字控制 04.206
direct method 直接法 03.068
director 指挥站 04.340
disaggregation 解裂 03.133
discontinuous control 不连续控制 01.022
discontinuous control system 不连续控制系统 01.047
discoordination 失协调 03.045
discrete control system 离散控制系统 01.048
discrete event dynamic system 离散事件动态系统 03.215
discrete event system model 离散事件系统模型 04.595
discrete event system simulation 离散事件系统仿真 04.549
discrete event system simulation language 离散事件系统仿真语言 04.684
discrete signal 离散信号 04.247

discrete system model 离散系统模型 04.594
discrete system simulation 离散系统仿真 04.548
discrete system simulation language 离散系统仿真语言 04.683
discriminant function 判别函数 05.122
disorder 无序 03.201
displacement meter 位移计 04.092
displacement transducer 位移传感器 04.086
displacement vibration amplitude transducer 位移振幅传感器 04.120
display instrument 显示仪表 04.132
dissipative structure 耗散结构 03.189
distributed computer control system 分布式计算机控制系统 04.214
distributed control 分布控制 03.145
distributed data base management system 分布式数据库管理系统 04.215
distributed parameter control system 分布参数控制系统 01.066
distributed parameter model 分布参数模型 04.601
distributed processing 分布式处理 04.262
distributed structure 分布式结构 05.084
disturbance 扰动 01.168
disturbance compensation 扰动补偿 02.285
disturbance decoupling 扰动解耦 02.284
diversity 多样性 03.190
divisibility 可分性 03.191
domain knowledge 领域知识 05.085
dominant pole 主导极点 02.021
Doppler navigation system 多普勒导航系统 04.508
dose-response model 剂量反应模型 06.099
double degree of freedom gyro 双自由度陀螺 04.487
double loop coordination strategy 双环协调策略 03.115
DSS 决策支持系统 05.109
2D system 二维系统，* 2D 系统 03.096
dual coordination 对偶协调 03.037
dual modulation telemetering system 双重调制遥测系统 04.538
dual principle 对偶原理 02.238
dual spin stabilization 双自旋稳定 04.437
duty ratio 负载比 04.387
dynamic braking 能耗制动 04.397
dynamic characteristics 动态特性 01.148
dynamic control 动态控制 01.038
dynamic decoupling 动态解耦 03.010
dynamic deviation 动态偏差 02.097
dynamic error 动态误差 02.080
dynamic error coefficient 动态误差系数 02.091
dynamic exactness 动态吻合性 03.136
dynamic feedback matrix 动态反馈矩阵 02.224
dynamic input-output model 动态投入产出模型 06.077
dynamic model 动态模型 04.610
dynamic programming 动态规划 03.260
dynamic response 动态响应 01.151

E

earth simulator 地球仿真器 04.664
econometric model 计量经济模型 06.038
economic analysis 经济分析 06.043
economic control 经济控制 06.001
economic control theory 经济控制理论 06.003
economic cybernetics 经济控制论 06.002
economic data 经济数据 06.045
economic decision 经济决策 06.028
economic effectiveness 经济效益 06.048
economic environment 经济环境 06.049
economic evaluation 经济评价 06.044
economic forecast 经济预测 06.050
economic index 经济指数 06.047
economic indicator 经济指标 06.046
economic management expert system 经济管理专家系统 06.017
economic management information system 经济管理信息系统 06.015
economic management system 经济管理系统

06.008
economic model 经济模型 06.034
economic system model 经济系统模型 04.606
eddy current thickness meter 电涡流厚度计 04.083
effectiveness 有效性 03.234
effectiveness theory 效益理论 03.223
elasticity of demand 需求弹性 06.062
electric actuator 电动执行机构 04.181
electrical capacitance levelmeter 电容物位计 04.072
electrical conductance levelmeter 电导液位计 04.073
electric control 电动控制 04.005
electric drive 电气传动，* 电力拖动 04.344
electric drive control gear 电气传动控制设备 04.366
electric hydraulic converter 电-液转换器 04.131
electric interlock 电气联锁 04.401
electric pneumatic converter 电-气转换器 04.130
electric propulsion 电推进 04.492
electrohydraulic actuator 电液执行机构 04.183
electrohydraulic control 电液控制 04.008
electrohydraulic servo valve 电液伺服阀 04.173
electromagnetic braking 电磁制动 04.396
electromagnetic flowmeter 电磁流量计 04.059
electromagnetic flow transducer 电磁流量传感器 04.062
electronic batching scale 电子配料秤 04.116
electronic belt conveyor scale 电子皮带秤 04.114
electronic hopper scale 电子料斗秤 04.115
elevation 仰角 04.510
emergency stop 异常停止 05.197
empirical distribution 经验分布 03.271
end-effector 末端器 05.165
endogenous variable 内生变量 06.040
engineering cybernetics 工程控制论 01.008
engineering simulator 工程仿真器 04.667
engineering system simulation 工程系统仿真 04.552
equilibrium growth 均衡增长 06.063
equilibrium model 均衡模型 03.331
equilibrium point 平衡点 02.105
equilibrium state 平衡状态 02.133
equivalence partitioning 等价类划分 04.299
ergonomics 工效学 05.107
error 误差 02.078
error coefficient 误差系数 02.090
error control 误差控制 01.023
error-correcting parsing 纠错剖析 05.125
error signal 误差信号 01.134
error transfer function 误差传递函数 02.017
ES 专家系统 05.029
estimate 估计量 02.308
estimation error 估计误差 02.310
estimation theory 估计理论 02.306
estimator 估计器 02.307
evaluation function 评价函数 05.094
evaluation technique 评价技术 03.238
event chain 事件链 03.365
event-oriented simulation 面向事件的仿真 04.629
evolutionary system 发展中系统，* 进化系统 03.355
exogenous variable 外生变量 06.041
expected characteristics 希望特性 02.073
expected value 希望值 02.076
expert control 专家控制 05.144
expert management system 专家管理系统 06.016
expert system 专家系统 05.029
explanation 解释 05.105
external disturbance 外扰 01.169

F

fact base 事实库 05.063
factory communication 工厂通信 04.331

factory information protocol　工厂信息协议　04.328
failure diagnosis　故障诊断　03.318
failure rate　失效率　03.319
failure recognition　故障识别　03.320
faster-than-real-time simulation　超实时仿真　04.625
fast mode　快变模态　03.055
fast-slow separation　快慢分离　03.061
fast state　快变状态　03.057
fast subsystem　快变子系统　03.059
feasibility　可行性　03.235
feasibility study　可行性研究　03.236
feasible coordination　可行协调　03.117
feasible region　可行域　03.270
feature detection　特征检测　05.128
feature extraction　特征抽取　05.129
feedback　反馈　01.109
feedback compensation　反馈补偿　02.157
feedback control　反馈控制　01.029
feedback element　反馈环节　01.086
feedback gain　反馈增益　02.053
feedback loop　反馈回路　01.113
feedback signal　反馈信号　01.135
feedforward　前馈　01.123
feedforward compensation　前馈补偿　02.158
feedforward control　前馈控制　01.028
feedforward path　前馈通路　01.124
FES　功能电刺激　06.105
field bus　现场总线　04.243
final state　终态　02.207
finite automaton　有限自动机　05.010
FIP　工厂信息协议　04.328
firing attitude　点火姿态　04.429
first order predicate logic　一阶谓词逻辑　05.035
fixed mode　固定模　03.164
fixed sequence manipulator　固定顺序机械手　05.159
fixed set point control　定值控制　01.043
fixed set point control system　定值控制系统　04.358
flexible manufacturing system　柔性制造系统　04.326
flexible spacecraft dynamics　挠性航天器动力学　04.458
flight simulation　飞行仿真　04.637
flight simulator　飞行仿真器　04.657
float flowmeter　浮子流量计，* 转子流量计　04.053
float levelmeter　浮子液位计　04.068
flow controller　流量控制器　04.065
flow measurement instrument　流量测量仪表　04.050
flowmeter　流量计　04.051
flow sensor　流量传感器　04.061
flow switch　流量开关　04.066
flow transducer　流量传感器　04.061
flow transmitter　流量变送器　04.063
fluctuation　涨落　03.203
FM-FM telemetering system　调频-调频遥测系统　04.540
FMS　柔性制造系统　04.326
forced oscillation　强迫振荡　01.172
force measuring instrument　力测量仪　04.110
force transducer　力传感器　04.103
forecasting model　预报模型，* 预测模型　03.334
forgetting factor　遗忘因子　02.323
formal language　形式语言　05.003
formal language theory　形式语言理论　05.004
formal neuron　形式神经元　06.110
forward path　正向通路　01.108
forward reasoning　正向推理　05.044
fractal　分形体，* 分维体　03.196
framework　框架　05.051
frequency band　频带　02.168
frequency converter　变频器　04.378
frequency domain　频域　02.014
frequency domain analysis　频域分析　02.150
frequency domain method　频域法　02.152
frequency domain model reduction method　频域模型降阶法　03.139
frequency response　频率响应　01.160
frequency response characteristics　频率响应特性　01.161
full order observer　全阶观测器　02.246

functional decomposition 功能分解 03.028
functional electrical stimulation 功能电刺激 06.105
functional similarity 功能相似 04.570
functional simulation 功能仿真 04.623
function analysis 功能分析 03.225
fuzzy control 模糊控制 02.286
fuzzy controller 模糊控制器 02.287
fuzzy decision 模糊决策 03.297
fuzzy game 模糊对策 03.305
fuzzy information 模糊信息 01.175
fuzzy logic 模糊逻辑 05.037

G

game theory 对策论，* 博弈论 03.303
game tree 对策树，* 博弈树 03.304
gas analyzer 气体分析器 04.122
gas jet attitude control 喷气姿态控制 04.441
gate valve 闸阀 04.192
general equilibrium model 一般均衡模型 06.065
general equilibrium theory 一般均衡理论 06.064
generalized least squares estimation 广义最小二乘估计 02.303
generalized modeling 广义建模 06.030
general problem solver 通用解题者 05.031
general system theory 一般系统理论 01.011
generation function 生成函数 05.093
geomagnetic torque 地磁力矩 04.456
geometric similarity 几何相似 04.571
gimbaled wheel 框架轮 04.503
global analysis 整体分析 03.226
global asymptotic stability 全局渐近稳定性 02.137
global coordinator 全局协调者 03.121
global data base 全局数据库 04.222，综合数据库 05.065
global decision maker 全局决策者 03.118
global model 全球模型，* 世界模型 06.031
global optimum 全局最优 03.281
globe valve 球形阀 04.186
goal coordination method 目标协调法 03.069
goal driven 目标驱动 05.083
GPS 通用解题者 05.031
grammatical inference 文法推断 05.126
graphic library 图形库 05.062
graph search 图搜索 05.078
graph theory 图论 03.346
gravity gradient stabilization 重力梯度稳定 04.439
gravity gradient torque 重力梯度力矩 04.455
group decision 群决策 03.299
group technology 成组技术 03.221
guidance system 制导系统 04.406
gyro 陀螺 04.482
gyrocompass 陀螺罗盘 04.483
gyro drift rate 陀螺漂移率 04.491
gyroscope 陀螺仪 04.485
gyrostat 陀螺体 04.463

H

Hall displacement transducer 霍尔式位移传感器 04.091
Hall three dimension structure 霍尔三维结构 03.240
hardware-in-the-loop simulation 半实物仿真 04.627
harmonious control 和谐控制 03.012
harmonious deviation 和谐偏差 03.015
harmonious strategy 和谐策略 03.013
harmonious variable 和谐变量 03.014
heuristic algorithm 启发[式]算法 03.269
heuristic inference 启发[式]推理 05.059
heuristic knowledge 启发[式]知识 05.061
heuristic rule 启发[式]规则 05.057
heuristic search 启发[式]搜索 05.058
hidden oscillation 隐蔽振荡 01.157

hierarchical chart 层次结构图 04.290
hierarchical control 递阶控制 03.083
hierarchical parameter estimation 递阶参数估计 03.073
hierarchical planning 递阶规划 05.086
hierarchical structure 递阶结构 03.081
hierarchical system 递阶系统 03.082
high speed simulation 快速仿真 04.635
homeostasis 内稳态 06.106
homogeneous system 均匀系统 03.193
homomorphic model 同态模型 03.359
horizontal decomposition 横向分解 03.026
hormonal control 内分泌控制 06.102
huge system 巨系统 03.017
Hurwitz's stability criterion 赫尔维茨稳定判据 02.128
hybrid model 混合模型 04.609
hybrid simulation 混合仿真 04.634
hydraulic actuator 液动执行机构 04.182
hydraulic control 液动控制, * 液压控制 04.007
hydraulic motor 液压马达 04.174
hydraulic step motor 液压步进马达 04.175
hypercycle theory 超循环理论 03.363
hyperstability 超稳定性 02.143

I

I controller 积分控制器, * I 控制器 04.144
identifiability 可辨识性, * 能辨识性 02.262
IDSS 智能决策支持系统 05.110
image recognition 图象识别 05.136
impulse 冲量 04.497
impulse function 冲激函数, * 脉冲函数 01.140
impulse response 冲激响应 01.153
impulse response matrix 冲激响应矩阵 02.227
inching 点动 04.400
incompatibility principle 不相容原理 03.232
incremental control 增量控制 04.208
incremental motion control system 增量运动控制系统 04.357
incremental testing 增量测试 04.303
index of merit 品质因数 03.222
indicator 指示仪 04.133
inductive displacement transducer 电感式位移传感器 04.088
inductive force transducer 电感式力传感器 04.105
inductive modeling method 归纳建模法 04.576
industrial automation 工业自动化 04.013
industrial control 工业控制 04.004
industrial control system 工业控制系统 04.010
industrial robot 工业机器人 05.162
inertial attitude sensor 惯性姿态敏感器 04.481
inertial coordinate system 惯性坐标系 04.460
inertial element 惯性环节 01.088
inertial platform 惯性平台 04.505
inertia wheel 惯性轮 04.500
inference engine 推理机 05.039
inference model 推理模型 05.040
inference strategy 推理策略 05.041
infinite dimensional system 无穷维系统 03.098
information acquisition 信息采集 03.245
information pattern 信息模式 03.156
information structure 信息结构 03.159
information system for process control 过程控制信息系统 04.220
infrared earth sensor 红外地球敏感器 04.476
infrared gas analyzer 红外线气体分析器 04.123
inherent feedback 固有反馈 01.122
inherent instability 固有不稳定性 02.117
inherent nonlinearity 固有非线性 01.094
inherent regulation 固有调节 02.149
inherent stability 固有稳定性 02.116

initial condition 初始条件 02.277
initial deviation 初始偏差 02.100
initial state 初[始状]态 02.206
initiator 发起站 04.339
injection attitude 入轨姿态 04.428
input matrix 输入矩阵 02.218
input-output analysis 投入产出分析 06.073
input-output channel 输入输出通道 04.232
input-output model 投入产出模型 06.075
input-output stability 输入输出稳定性 02.138
input-output table 投入产出表 06.074
input prediction method 输入预估法 03.071
input [signal] 输入[信号] 01.129
input vector 输入向量，* 输入矢量 01.130
instability 不稳定性 02.104
instruction level language 指令级语言 05.188
integral control 积分控制 01.031
integral controller 积分控制器，* I 控制器 04.144
integral feedback 积分反馈 01.121
integral of absolute value of error criterion 绝对误差积分准则 02.066
integral of squared error criterion 平方误差积分准则 02.064
integral of time multiplied by squared error criterion 时间乘平方误差积分准则 02.065
integral of time multiplied by the absolute value of error criterion 时间乘绝对误差积分准则 02.067
integral of time multiplied by the error criterion 时间乘误差积分准则 02.068
integral performance criterion 积分性能准则 02.063
integral windup 积分饱卷 01.032
integrating instrument 积算仪表 04.136
integration element 积分环节，* 滞后环节 01.089
integration testing 集成测试，* 综合测试 04.302
integrity 整体性 03.197
intellectualized simulation software 智能化仿真软件 04.679
intelligent computer 智能计算机 05.022
intelligent control 智能控制 05.137
intelligent control system 智能控制系统 05.138
intelligent decision support system 智能决策支持系统 05.110
intelligent instrument 智能仪表 05.142
intelligent machine 智能机器 05.141
intelligent management 智能管理 05.139
intelligent management system 智能管理系统 05.140
intelligent robot 智能机器人 05.163
intelligent simulation 智能仿真 05.143
intelligent system 智能系统 05.024
intelligent system model 智能系统模型 04.599
intelligent terminal 智能终端 04.313
interacted system 互联系统，* 关联系统 03.020
interaction 互联，* 关联 03.019
interaction balance method 互联平衡法，* 关联平衡法 03.066
interaction prediction approach 互联预估法，* 关联预估法 03.065
interactive multi-run simulation 交互式多次运行仿真 04.639
interactive processing 交互式处理 04.263
interactive system 交互系统 05.108
interconnected system 互联系统，* 关联系统 03.020
interconnection 互联，* 关联 03.019
interface 界面 03.246
intermittent duty 断续工作制 04.384
internal disturbance 内扰 01.170
internal model principle 内模原理 02.239
interpretive structure model 解释型结构模型 03.336
interpretive structure modeling 解释结构建模[法] 03.362
invariant embedding principle 不变嵌入原理 03.165
inventory management system 库存管理系统 06.014

inventory theory　库存论　03.265
inverse Nyquist diagram　逆奈奎斯特图　02.182
inverse system　逆系统　03.182
inverse z-transform　逆 z 变换　02.007
inversible system　可逆系统　03.183
inverter　逆变器　04.374
investment decision　投资决策　06.029
I/O channel　输入输出通道　04.232
ISM　解释结构建模[法]　03.362
isolated system　孤立系统　03.198
isomorphic model　同构模型　03.361
iterative coordination　迭代协调　03.039

J

jet　推力器　04.493
jet propulsion　喷气推进　04.494
jet pulse　喷气脉冲　04.451
job-lot control　分批控制，* 分批管理　06.005
joint　关节　05.173
joint coordinate system　关节坐标系　05.179

K

Kalman-Bucy filter　卡尔曼-布西滤波器　02.316
Kalman filter　卡尔曼滤波器　02.315
Kalman filtering　卡尔曼滤波　02.314
KB　知识库　05.066
KBMS　知识库管理系统　05.067
knowledge açcomodation　知识顺应　05.056
knowledge acquisition　知识获取　05.048
knowledge aided protocol automation　知识辅助协议自动化　04.330
knowledge assimilation　知识同化　05.055
knowledge base　知识库　05.066
knowledge base management system　知识库管理系统　05.067
knowledge engineering　知识工程　05.023
knowledge inference　知识推理　05.047
knowledge model　知识模型　05.054
knowledge representation　知识表达　05.049

L

ladder diagram　梯形图　04.231
lag compensation　滞后补偿　02.161
lag-lead compensation　滞后超前补偿　02.163
lag network　滞后网络　04.202
Lagrange duality　拉格朗日对偶[性]　03.168
LAN　局域网　04.332
Laplace transform　拉普拉斯变换　02.005
large scale system　大系统　03.016
large scale system cybernetics　大系统控制论　03.018
lateral inhibition network　侧抑制网络　06.122
lead compensation　超前补偿　02.162
lead network　超前网络　04.201
learning matrix　学习矩阵　06.117
learning system　学习系统　05.101
least cost input　最小成本投入　06.079
least squares criterion　最小二乘准则　02.311
least squares estimation　最小二乘估计　02.301
level controller　物位控制器　04.076
level measurement instrument　物位测量仪表　04.067
level switch　物位开关　04.077
level transducer　物位传感器　04.074
level transmitter　物位变送器　04.075
libration damping　天平动阻尼　04.440
life cycle analysis　生命周期分析　03.370
limit alarm　极限报警器　04.161

limit cycle 极限环 01.103
linear control system 线性控制系统 01.050
linear control system theory 线性控制系统理论 01.012
linear element 线性环节 01.084
linearization 线性化 02.147
linearization technique 线性化方法 02.035
linearized model 线性化模型 02.033
linear motion electric drive 直线[运动]电气传动 04.352
linear motion valve 直行程阀 04.184
linear optimal control system 线性最优控制系统 02.274
linear prediction 线性预报 02.320
linear programming 线性规划 03.261
linear quadratic Gaussian problem 线性二次型高斯问题 02.275
linear quadratic regulator problem 线性二次型调节器问题 02.276
linear regulator 线性调节器 02.283
linear system simulation 线性系统仿真 04.555
linear time-invariant control system 线性定常控制系统 01.062
linear time-varying control system 线性时变控制系统 01.061
listener 收听站 04.337
load cell 称重传感器 04.111
local area network 局域网 04.332
local asymptotic stability 局部渐近稳定性 02.136
local automation 局部自动化 04.015
local controller 局部控制者 03.120
local data base 局部数据库 04.223
local decision maker 局部决策者 03.119
local feedback 局部反馈 01.115
local optimum 局部最优 03.280
local stability 局部稳定性 02.121
logical control 逻辑控制 04.209
logical model 逻辑模型 05.033
log magnitude-frequency characteristics 对数幅频特性 02.177
log magnitude-phase diagram 对数幅相图 02.179
log phase-frequency characteristics 对数相频特性 02.176
long term memory 长期记忆 05.027
long term planning 长期规划 06.056
long time horizon coordination 长时程协调 03.047
low cost automation 低成本自动化 04.019
lower level problem 下级问题 03.064
lowest rate of return 最低回收率 06.080
low speed stability 低速稳定性 02.122
LQG 线性二次型高斯问题 02.275
LQR 线性二次型调节器问题 02.276
LTM 长期记忆 05.027
lumped parameter control system 集总参数控制系统，* 集中参数控制系统 01.065
lumped parameter model 集总参数模型，* 集中参数模型 04.600
Lur'e method 鲁里叶方法 02.132
Lyapunov direct method 李雅普诺夫直接法 02.130
Lyapunov indirect method 李雅普诺夫间接法 02.131
Lyapunov stability 李雅普诺夫稳定性 02.120
Lyapunov theorem of asymptotic stability 李雅普诺夫渐近稳定性定理 02.142
Lyapunov theorem of instability 李雅普诺夫不稳定性定理 02.141
Lyapunov theorem of stability 李雅普诺夫稳定性定理 02.140

M

machine intelligence 机器智能 05.087
macro-economic model 宏观经济模型 06.036
macro-economic system 宏观经济系统 06.022
magnetic dumping 磁卸载 04.446
magnetic stabilization 磁稳定 04.438
magnetoelastic force transducer 磁弹性式力传

感器 04.104
magnetoelastic weighing cell 磁弹性式称重传感器 04.113
magnetoelectric tachometric transducer 磁电式转速传感器 04.099
magnetometer 磁强计 04.480
magnitude-frequency characteristics 幅频特性 02.174
magnitude margin 幅值裕度，* 幅值裕量 02.071
magnitude-phase characteristics 幅相特性 02.175
magnitude scale factor 幅度比例尺 04.565
maintainability 可维护性 04.321
major loop 主回路 01.106
management decision 管理决策 06.026
management information system 管理信息系统 06.009
management science 管理科学 06.025
manager 管理站 04.342
manipulator 机械手 05.156
man-machine control 人机控制 04.309
man-machine coordination 人机协调 04.310
man-machine interaction 人机交互 05.106
man-machine interface 人机界面 04.311
man-machine system 人机系统 03.367
manual data input programming 手动数据输入编程，* 人工数据输入编程 05.185
manual operating mode 手动运转方式 05.196
manual station 手动操作器 04.164
manufacturing automation protocol 制造自动化协议，* 生产自动化协议 04.327
MAP 制造自动化协议，* 生产自动化协议 04.327
marginal effectiveness 边际效益 03.283
Mason's gain formula 梅森增益公式 02.038
master station 主站 04.333
matching criterion 匹配准则 05.130
mathematical model 数学模型 02.001
mathematical similarity 数学相似 04.568
mathematical simulation 数学仿真 04.620
maximum allowed deviation 最大允许偏差 02.062
maximum likelihood estimation 最大似然估计 02.299
maximum overshoot 最大超调[量] 02.057
maximum principle 极大值原理，* 最大值原理 02.272
maximum profit programming 最大利润规划 06.085
maximum space 最大空间 05.181
MB 模型库 03.340
MBMS 模型库管理系统 03.341
mean-square error criterion 均方误差准则 02.069
mean time between failures 平均故障间隔时间 03.322
mean time to failure 平均无故障时间 03.321
mean time to repair 平均修复时间 03.323
measurement instrument 测量仪表，* 检测仪表 04.020
measuring element 测量元件 04.197
measuring instrument 测量仪表，* 检测仪表 04.020
measuring range 测量范围 04.390
[measuring] transducer 传感器 04.024
MEC 最经济控制 02.292
mechanism model 机理模型 04.612
medium term planning 中期规划 06.057
menu selection mode 选单选择式，* 菜单选择式 04.306
MEO 最经济观测 02.294
meta-knowledge 元知识 05.053
metallurgical automation 冶金自动化 04.016
meta-rule 元规则 05.052
micro-economic model 微观经济模型 06.035
micro-economic system 微观经济系统 06.021
MIMO * 多输入多输出控制系统 01.064
minimal realization 最小实现 02.240
minimum cost programming 最小成本规划 06.084
minimum phase system 最小相位系统 01.078

minimum positioning time　最小定位时间　05.206
minimum rate of benefit　最低收益率　06.081
minimum reserve　最低储备　06.083
minimum risk estimation　最小风险估计　03.326
minimum variance estimation　最小方差估计　02.300
minor loop　副回路, * 小回路　01.107
MIS　管理信息系统　06.009
missile-target relative movement simulator　弹体-目标相对运动仿真器　04.661
mobile robot　移动式机器人　05.161
modal aggregation　模态集结　03.141
modal control　模态控制　03.143
modal matrix　模态矩阵　03.144
modal transformation　模态变换　03.142
model　模型　04.560
model accuracy　模型精[确]度　04.590
model analysis　模型分析　04.581
model base　模型库　03.340
model base management system　模型库管理系统　03.341
model checking　模型校验　04.583
model confidence　模型置信度　04.588
model coordination method　模型协调法　03.067
model decomposition　模型分解　03.024
model design　模型设计　04.586
model evaluation　模型评价　04.585
model experiment　模型实验　04.580
model fidelity　模型逼真度　04.589
model following controller　模型跟踪控制器　05.146
model following control system　模型跟踪控制系统　05.147
modeling　建模　04.573
model loading　模型装载　04.579
model modification　模型修改　04.582
model reduction　模型降阶　03.127
model reduction method　模型降阶法　03.128
model reference adaptive control system　模型参考适应控制系统　05.152
model reference control system　模型参考控制系统　05.153
model simplification　模型简化　03.126
model transformation　模型变换　04.578
model validation　模型确认　04.587
model variable　模型变量　04.562
model verification　模型验证　04.584
modern control theory　现代控制理论　01.015
modifiability　可修改性　04.318
modularization　模块化　04.292
moment matching method　时矩匹配法　03.131
momentum wheel　动量轮　04.502
monitor　监视器　04.137,　监控站　04.341
most economic control　最经济控制　02.292
most economic control theory　最经济控制理论　02.293
most economic observing　最经济观测　02.294
most economic observing theory　最经济观测理论　02.295
motion control system　运动控制系统　04.356
motion level language　动作级语言　05.189
motion simulator　运动仿真器　04.658
motion space　可动空间　05.180
MTBF　平均故障间隔时间　03.322
MTTF　平均无故障时间　03.321
MTTR　平均修复时间　03.323
multi-attributive utility function　多属性效用函数　03.242
multi-body control　多体控制　04.442
multicriteria　多[重]判据　03.282
multidimensional system　多维系统　03.097
multi-input multi-output control system　* 多输入多输出控制系统　01.064
multilayer control　多层控制　03.085
multilayer hierarchical control　多层递阶控制　03.086
multilayer hierarchical structure　多层递阶结构　03.087
multilayer system　多层系统　03.084
multilevel computer control system　多级计算机控制系统　04.216
multilevel control　多级控制　03.093
multilevel coordination　多级协调　03.043

multilevel decision 多级决策 03.290
multilevel hierarchical control 多级递阶控制 03.094
multilevel hierarchical structure 多级递阶结构 03.095
multilevel management system 多级管理系统 06.018
multilevel multi-objective structure 多级多目标结构 03.174
multilevel process 多级过程 03.110
multilevel system 多级系统 03.092
multiloop control 多回路控制 01.026
multiloop controller 多回路控制器 04.155
multiloop control system 多回路控制系统 01.068
multi-objective decision 多目标决策 03.300
multisegment model 多段模型 04.613
multistage decision process 多段决策过程 03.301
multistage least squares estimation 多步最小二乘估计 02.304
multistage management system 多段管理系统 06.020
multistate controller 多位控制器 04.142
multistate logic 多态逻辑 05.038
multistep controller 多位控制器 04.142
multistratum control 多段控制 03.089
multistratum hierarchical control 多段递阶控制 03.090
multistratum hierarchical structure 多段递阶结构 03.091
multistratum management system 多层管理系统 06.019
multistratum system 多段系统 03.088
multi-user simulation 多用户仿真 04.640
multivariable control system 多变量控制系统 01.064
myoelectric control 肌电控制 06.103
Nash optimality 纳什最优性 03.170

N

national model 国家模型 06.032
natural language generation 自然语言生成 05.072
natural language understanding 自然语言理解 05.071
navigation instrument 导航仪表 04.507
NC 数值控制 04.207
nearest-neighbor 最近邻 05.131
near-optimality 近优性 03.062
necessity measure 必然性测度 03.360
negative feedback 负反馈 01.111
network model 网络模型 03.354
network technique 网络技术 03.350
neural assembly 神经集合 06.111
neural control 神经控制 06.101
neural network 神经网络 06.112
neural network computer 神经网络计算机 05.102
neuro-cybernetics 神经控制论 06.109
Nichols chart 尼科尔斯图 02.180
noetic science 思维科学 05.025
noise level 噪声电平 01.171
nonautonomous system 非自治系统 03.103
nonclassical information pattern 非经典信息模式 03.158
noncoherent system 非单调关联系统 03.317
noncooperative game 非合作对策 03.307
nondeterministic control system 非确定性控制系统 01.053
nondeterministic model 非确定性模型 03.333
non-engineering system simulation 非工程系统仿真 04.553
nonequilibrium state 非平衡态 03.357
nonequilibrium system 非均衡系统 06.067
nonlinear characteristics 非线性特性 01.097
nonlinear control system 非线性控制系统 01.051
nonlinear control system theory 非线性控制系统理论 01.013
nonlinear element 非线性环节 01.085
nonlinear estimation 非线性估计 02.309

nonlinearity 非线性 01.093
nonlinear model 非线性模型 02.034
nonlinear prediction 非线性预报 02.321
nonlinear programming 非线性规划 03.262
nonlinear system simulation 非线性系统仿真 04.556
nonminimum phase system 非最小相位系统 01.079
nonmonotonic logic 非单调逻辑 05.036
nonparametric training 非参数训练 05.119
nonreversible electric drive 不可逆电气传动 04.348
non-single value nonlinearity 非单值非线性 01.096
nonsingular perturbation 非奇异摄动 03.051
non-stationary random process 非平稳随机过程 01.181
nonterminal 非终止符 05.020
nonzero sum game model 非零和对策模型 03.310
nuclear radiation levelmeter 核辐射物位计 04.071
nuclear radiation thickness meter 核辐射厚度计 04.085
number of oscillations 振荡次数 02.058
numerical control 数值控制 04.207
numerical economic model 数量经济模型 06.037
nutation damping 章动阻尼 04.453
nutation sensor 章动敏感器 04.454
Nyquist diagram 奈奎斯特图 02.181
Nyquist stability criterion 奈奎斯特稳定判据 02.129

O

OA 办公自动化 06.011
OAS 办公自动化系统 06.012
objective function 目标函数 02.279
observability 可观测性，* 能观测性 02.251
observability index 可观测指数，* 能观测指数 02.254
observability matrix 可观测性矩阵，* 能观测性矩阵 02.255
observable canonical form 可观测规范型，* 能观测规范型 02.253
observer 观测器 02.244
office automation 办公自动化 06.011
office automation system 办公自动化系统 06.012
office information system 办公信息系统 06.010
off-line processing 离线处理，* 脱机处理 04.265
off-line system simulation 离线系统仿真 04.558
OIS 办公信息系统 06.010
on-line assistence 在线帮助 04.308
on-line processing 在线处理，* 联机处理 04.264
on-line system simulation 在线系统仿真 04.557
on-off control 通断控制 01.027
open loop 开环 01.105
open loop control 开环控制 01.018
open loop control system 开环控制系统 01.073
open loop gain 开环增益 02.030
open loop pole 开环极点 02.032
open loop process control 开环过程控制 04.002
open loop remote control system 开环遥控系统 04.525
open loop telemetering system 开环遥测系统 04.532
open loop transfer function 开环传递函数 02.029
open loop zero 开环零点 02.031
open system 开放系统 03.181
operational research model 运筹学模型 04.598
operations research 运筹学 03.263
optical attitude sensor 光学姿态敏感器 04.475

optic fiber tachometer　光纤式转速表　04.101
optic fiber tachometric transducer　光纤式转速传感器　04.098
optimal control　最优控制　02.266
optimal control law　最优控制律　02.270
optimal control system　最优控制系统　01.058
optimal control theory　最优控制理论　01.017
optimal decision problem　最优决策问题　03.291
optimal estimation　最优估计　02.305
optimality principle　最优性原理　02.271
optimal linear filtering　最优线性滤波　02.319
optimal solution　最优解　03.279
optimal strategy　最优策略　03.311
optimal trajectory　最优轨迹　02.273
optimistic value　乐观值　03.274
optimization　[最]优化　02.268
optimization layer　优化层　03.176
optimization technique　最优化技术　03.278
orbital acquisition　轨道捕获　04.469
orbital maneuver　轨道机动　04.467
orbital rendezvous　轨道交会　04.468
orbit angular velocity　轨道角速度　04.410
orbit control　轨道控制　04.403
orbit control accuracy　轨道控制精[确]度　04.504
orbit coordinate system　轨道坐标系　04.461
orbit gyrocompass　轨道陀螺罗盘　04.484
orbit maintenance　轨道保持　04.471
orbit parameter　轨道参数　04.418
orbit perturbation　轨道摄动　04.411
order　有序　03.202
order parameter　序参数　03.204
organization chart　组织机构图　06.090
organization theory　组织理论　03.358
orientation　定向　04.415
orientation control　定向控制　04.449
original system　原系统　01.081
originator　始发站　04.335
oscillating element　振荡环节　01.091
oscillating period　振荡周期　02.059
output equation　输出方程　02.219
output error　输出误差　02.084
output feedback　输出反馈　01.116
output matrix　输出矩阵　02.220
output prediction method　输出预估法　03.072
output [signal]　输出[信号]　01.131
output vector　输出向量，* 输出矢量　01.132
oval wheel flowmeter　椭圆齿轮流量计　04.054
overall design　总体设计　03.243
overdamping　过阻尼　02.042
overlapping decomposition　交叠分解　03.031

P

Padé approximation　帕德近似　03.140
parameter estimation　参数估计　02.298
Pareto optimality　帕雷托最优性　03.171
passive attitude stabilization　被动姿态稳定　04.434
path　路径　05.177
path accuracy　路径精[确]度　05.204
path control　路径控制　05.192
path repeatability　路径可重复性　05.205
pattern primitive　模式基元　05.127
pattern recognition　模式识别　05.111
PC　可编程序控制器　04.152
PCA　主成分分析法　03.219
P controller　比例控制器，* P 控制器　04.143
PD control　比例微分控制　01.036
PD controller　比例微分控制器，* PD 控制器　04.147
peak time　峰值时间　02.055
penalty function method　罚函数法　03.169
perceptron　感知机　06.116
periodic duty　周期工作制　04.386
PERT　计划评审技术　03.349
perturbation theory　摄动理论　03.049
perturbed system　摄动系统　03.052
pessimistic value　悲观值　03.275

Petri net 彼得里网络 03.172
phase-frequency characteristics 相频特性 02.173
phase lag 相位滞后 02.155
phase lead 相位超前 02.154
phase locus 相轨迹 02.187
phase margin 相位裕度，* 相位裕量 02.072
phase plane 相平面 02.186
phase plane portrait 相平面图 02.190
phase response 相位响应 01.163
phase space 相空间 02.188
phase trajectory 相轨迹 02.187
phase variable 相变量 02.189
photoelectric tachometric transducer 光电式转速传感器 04.097
photoelectric width meter 光电式宽度计 04.080
phrase-structure grammar 短语结构文法 05.124
physical model 物理模型 04.591
physical modeling 物理建模 04.574
physical similarity 物理相似 04.569
physical simulation 物理仿真 04.621
physical symbol system 物理符号系统 05.070
PI control 比例积分控制 01.035
PI controller 比例积分控制器，* PI 控制器 04.146
PID control 比例积分微分控制 01.037
PID controller 比例积分微分控制器，* PID 控制器 04.148
piezoelectric force transducer 压电式力传感器 04.108
playback robot 示教再现式机器人 05.160
PLC 可编程序逻辑控制器 04.153
plug braking 反接制动 04.399
plug valve 旋塞阀 04.191
pneumatic actuator 气动执行机构 04.180
pneumatic control 气动控制 04.006
pneumatic electric converter 气–电转换器 04.129
pointing accuracy 指向精[确]度 04.452
point-to-point control 点位控制 05.191
polar robot 极坐标型机器人 05.170
pole 极点 02.020
pole assignment 极点配置 02.242
pole-zero cancellation 零极点相消 02.241
pole-zero location 零极点分布 02.022
polynomial input 多项式输入 01.145
population cybernetics 人口控制论 06.089
portability 可移植性 04.323
portfolio theory 投资搭配理论 06.086
pose 位姿 05.174
pose accuracy 位姿精[确]度 05.199
pose overshoot 位姿过调量 05.203
pose repeatability 位姿可重复性 05.200
pose stabilization time 位姿稳定时间 05.202
position error 位置误差 02.087
position error coefficient 位置误差系数 02.093
position feedback 位置反馈 01.119
position measuring instrument 位置测量仪 04.095
position transducer 位置传感器 04.094
positive feedback 正反馈 01.110
positive system 正系统 06.042
potentiometric displacement transducer 电位器式位移传感器 04.087
power system automation 电力系统自动化 04.017
PR 模式识别 05.111
predicate logic 谓词逻辑 05.034
predictive control 预测控制 02.296
pressure controller 压力控制器 04.044
pressure gauge 压力表 04.036
pressure gauge with electric contact 电接点压力表 04.040
pressure measurement instrument 压力测量仪表 04.034
pressure sensor 压力传感器 04.042
pressure switch 压力开关 04.045
pressure transducer 压力传感器 04.042
pressure transmitter 压力变送器 04.043
price coordination 价格协调 03.040
price method 价格法 03.070
primal coordination 主协调 03.035
primary feedback 主反馈 01.112

primary frequency zone 主频区 02.169
principal component analysis 主成分分析法 03.219
principle of turnpike 大道原理 06.087
priority 优先性 03.237
process automation 过程自动化 04.014
process control 过程控制 04.001
process control computer 过程控制计算机 04.224
process control system 过程控制系统 01.055
process model 过程模型 04.009
process-oriented simulation 面向过程的仿真 04.631
production budget 生产预算 06.061
production function 生产函数 06.059
production rule 产生式规则 05.088
production system 产生式系统 05.089
profit control 利润控制 06.006
profit forecast 利润预测 06.051
program evaluation and review technique 计划评审技术 03.349
programmable controller 可编程序控制器 04.152
programmable logic controller 可编程序逻辑控制器 04.153
programmed control 程序控制 04.360
programmed control system 程序控制系统，* 程控系统 04.361
program set station 程序设定操作器 04.166
proportional control 比例控制 01.030
proportional controller 比例控制器，* P 控制器 04.143
proportional gain 比例增益 02.052
proportional plus derivative control 比例微分控制 01.036
proportional plus derivative controller 比例微分控制器，* PD 控制器 04.147
proportional plus integral control 比例积分控制 01.035
proportional plus integral controller 比例积分控制器，* PI 控制器 04.146
proportional plus integral plus derivative control 比例积分微分控制 01.037
proportional plus integral plus derivative controller 比例积分微分控制器，* PID 控制器 04.148
protocol engineering 协议工程 04.329
prototype 原型 04.559
prototype process time 原型过程时间 04.563
prototype variable 原型变量 04.561
pseudo random sequence 伪随机序列 02.288
pseudo-rate-increment control 伪速率增量控制 04.447
pulse control 脉冲控制 01.040
pulse duration 脉冲持续时间 01.147
pulse frequency modulation control system 脉冲调频控制系统 04.365
pulse sequence 脉冲序列 01.146
pulse width modulation control system 脉冲调宽控制系统 04.364
pulse width modulation inverter 脉宽调制逆变器 04.377
pushdown automaton 下推自动机 05.009
PWM control system 脉冲调宽控制系统 04.364
PWM inverter 脉宽调制逆变器 04.377

Q

QC 质量管理 03.328
quadratic performance index 二次型性能指标 02.077
qualitative physical model 定性物理模型 05.068
quality control 质量管理 03.328
quantized error 量化误差 02.101
quantized noise 量化噪声 01.174
quasilinear characteristics 准线性特性 02.148
question and answer mode 问答式 04.305
queuing theory 排队论 03.264

R

radio frequency sensor 射频敏感器 04.479
ramp function 斜坡函数 01.143
ramp response 斜坡响应 01.155
random disturbance 随机扰动 01.179
random event 随机事件 03.284
random noise 随机噪声 01.178
random process 随机过程 01.176
random signal 随机信号 01.177
rate integrating gyro 速率积分陀螺 04.488
ratio controller 比值控制器 04.149
ratio station 比值操作器 04.167
reachability 可达性，* 能达性 02.263
reachable set 可达集，* 能达集 02.265
reachable state 可达状态，* 能达状态 02.264
reaction wheel 反作用轮 04.501
reaction wheel control 反作用轮控制 04.443
readability 易读性 04.322
realizability 可实现性，* 能实现性 02.250
real system 真实系统 04.572
real time control 实时控制 04.211
real time data processing 实时数据处理 04.257
real time expert system 实时专家系统 05.030
real time remote control 实时遥控 04.526
real time simulation 实时仿真 04.624
real time simulation algorithm 实时仿真算法 04.618
real time system 实时系统 04.212
real time telemetry 实时遥测 04.528
reasoning network 推理网络 05.043
receptive field 感受野 06.108
recorder 记录仪 04.134
rectangular robot 直角坐标型机器人 05.168
rectifier 整流器 04.373
recursive estimation 递推估计 02.312
reduced model 降阶模型 03.130
reduced order observer 降阶观测器 02.247
redundant information 冗余信息 03.241
reentry control 再入控制 04.408
regenerative braking 回馈制动，* 再生制动 04.398
regional model 区域模型 06.033
regional planning model 区域规划模型 03.338
regulating device 调节装置 04.158
regulating unit 调节单元 04.159
regulation 调节 02.193
relational algebra 关系代数 05.090
relative stability 相对稳定性 02.113
relay characteristics 继电[器]特性 01.102
relay control system 继电控制系统 04.011
reliability 可靠性 03.312，可靠度 03.313
remote command control 指令遥控 04.529
remote control 遥控 04.519
remote control command 遥控指令 04.522
remote manipulator 遥控操作器 04.523
remote regulating 遥调 04.521
remote sensing 遥感 04.520
remote set point adjuster 远程设定点调整器 04.157
rendezvous and docking 交会和对接 04.473
reorientation 再定向 04.416
reproducibility 再现性 03.192
resistance thermometer sensor 热电阻 04.030
resolution principle 归结原理 05.042
resource allocation 资源分配 06.069
resource coordination 资源协调 03.041
resource optimization 资源优化 06.070
responder 响应站 04.338
response curve 响应曲线 01.150
response time 响应时间 02.060
return control 返回控制 04.409
return difference matrix [返]回差矩阵 02.228
return ratio matrix [返]回比矩阵 02.229
reverberation 回响 06.107
reversible electric drive 可逆电气传动 04.347

revolute robot　关节型机器人　05.171
revolution speed transducer　转速传感器　04.096
rewriting rule　重写规则　05.019
rigid spacecraft dynamics　刚性航天器动力学　04.459
rise time　上升时间　02.054
risk analysis　风险分析　03.327
risk decision　风险决策　03.324
risk evaluation　风险评价　03.325
robot　机器人　05.155
robotics　机器人学　05.157
robot programming language　机器人编程语言　05.187
robot system　机器人系统　05.158
robust control　鲁棒控制　02.290
robust controller　鲁棒控制器　02.291
robustness　鲁棒性　02.289
roll gap measuring instrument　辊缝测量仪　04.093
root locus　根轨迹　02.183
root locus method　根轨迹法　02.184
Roots flowmeter　腰轮流量计　04.055
rotameter　浮子流量计，* 转子流量计　04.053
rotary eccentric plug valve　偏心旋转阀　04.188
rotary motion valve　角行程阀　04.185
rotating transformer　旋转变压器　04.204
Routh approximation method　劳思近似法　03.137
Routh stability criterion　劳思稳定判据　02.127
routing problem　路径问题　03.276
rule base　规则库　05.064

S

safety space　安全空间　05.183
sales forecast　销售预测　06.052
sampled data　采样数据　02.198
sampled data control　采样控制　01.039
sampled-data control system　采样控制系统　02.196
sampled-data system　采样系统　02.199
sampled signal　采样信号　02.197
sampler　采样器　04.124
sampling control　采样控制　01.039
sampling control system　采样控制系统　02.196
sampling element　采样元件　04.196
sampling error　采样误差　02.201
sampling frequency　采样频率　02.200
sampling holder　采样保持器　04.125
sampling interval　* 采样间隔　02.202
sampling period　采样周期　02.202
sampling pulse　采样脉冲　01.173
sampling system　采样系统　02.199
sampling value　采样值　02.191
saturation characteristics　饱和特性　01.099
scalar Lyapunov function　标量李雅普诺夫函数　03.123
SCARA　平面关节型机器人　05.172
scenario analysis method　情景分析法　03.218
scene analysis　物景分析　05.135
s-domain　s 域　02.010
search technique　搜索技术　03.273
selective compliance assembly robot arm　平面关节型机器人　05.172
self-learning　自学习　05.095
self-operated controller　自力式控制器　04.156
self-optimizing control　自寻优控制　05.145
self-optimizing system　自寻优系统　02.267
self-organization layer　自组织层　03.177
self-organizing　自组织　05.096
self-organizing system　自组织系统　06.123
self-planning　自规划　05.097
self-programming　自编程　05.098
self-regulating　自调整　05.099
self-repairing　自修复　05.100
self-reproducing system　自繁殖系统　06.124
self-tuning　自校正　05.148
self-tuning control　自校正控制　05.149

semantic network 语义网络 05.050
semi-automation 半自动化 01.005
semi-physical simulation 半实物仿真 04.627
sensing element 敏感元件 04.195
sensitivity analysis 灵敏度分析 03.247
sensor 传感器 04.024
sensory control 感觉控制 05.193
separability 可分性 03.191
separation principle 分离原理 03.272
sequential control 顺序控制 04.362
sequential controller 顺序控制器 04.151
sequential control system 顺序控制系统, * 顺控系统 04.363
sequential decomposition 顺序分解 03.030
sequential least squares estimation 序贯最小二乘估计 02.302
sequential optimization 顺序优化 03.173
service system 服务系统 03.277
servo control 伺服控制, * 随动控制 01.044
servomotor 伺服马达 04.176, 伺服电机 04.178
servo [system] 伺服系统, * 随动系统 01.057
servo valve 伺服阀 04.172
set [point] value 设定值 01.128
settling time 过渡过程时间 02.056
sextant 六分仪 04.489
shadow price 影子价格 06.082
shortest path problem 最短路径问题 03.351
short term memory 短期记忆 05.028
short term planning 短期计划 06.058
short time duty 短期工作制 04.385
short time horizon coordination 短时程协调 03.048
signal converter 信号转换器 04.126
signal detection and estimation 信号检测和估计 04.250
signal duration 信号持续时间 04.251
signal flow diagram 信号流[程]图 02.037
signal processing 信号处理 04.248
signal reconstruction 信号重构 04.253
signal selector 信号选择器 04.168
similarity 相似性 04.567
simplified model 简化模型 03.129
simulated data 仿真数据 04.694
simulated interrupt 仿真中断 04.650
simulation 仿真, * 模拟 04.545
simulation algorithm 仿真算法 04.617
simulation algorithm library 仿真算法库 04.692
simulation block diagram 仿真[方]框图 04.642
simulation centre 仿真中心 04.668
simulation clock 仿真时钟 04.648
simulation data base 仿真数据库 04.690
simulation environment 仿真环境 04.616
simulation equipment 仿真设备 04.675
simulation evaluation 仿真评价 04.651
simulation experiment 仿真实验 04.645
simulation experiment mode library 仿真实验模式库 04.691
simulation expert system 仿真专家系统 04.674
simulation graphic library 仿真图形库 04.689
simulation information library 仿真信息库 04.687
simulation job 仿真作业 04.643
simulation knowledge base 仿真知识库 04.693
simulation laboratory 仿真实验室 04.670
simulation language 仿真语言 04.681
simulation methodology 仿真方法学 04.615
simulation model 仿真模型 04.592
simulation model library 仿真模型库 04.688
simulation process 仿真过程 04.641
simulation process time 仿真过程时间 04.564
simulation program 仿真程序 04.680
simulation result 仿真结果 04.652
simulation run 仿真运行 04.649
simulation software 仿真软件 04.678
simulation support system 仿真支持系统 04.673
simulation system 仿真系统 04.671
simulation technique 仿真技术 04.614
simulation type 仿真类型 04.619

simulation velocity　仿真速度　04.644
simulation work station　仿真工作站　04.669
simulator　仿真器　04.656
single axle table　单轴转台　04.676
single degree of freedom gyro　单自由度陀螺　04.486
single input single output control system　* 单输入单输出控制系统　01.063
single level process　单级过程　03.109
single loop control　单回路控制　01.025
single loop controller　单回路控制器　04.154
single loop control system　单回路控制系统　01.067
single loop coordination strategy　单环协调策略　03.114
single value nonlinearity　单值非线性　01.095
single variable control system　单变量控制系统　01.063
singular attractor　奇异吸引子　03.364
singular control　奇异控制　03.108
singular linear system　奇异线性系统　03.107
singular perturbation　奇异摄动　03.050
sink　汇[点]　03.352
SISO　* 单输入单输出控制系统　01.063
slaved system　受役系统　03.200
slave station　从站　04.334
slaving principle　役使原理　03.188
slower-than-real-time simulation　欠实时仿真　04.626
slow mode　慢变模态　03.056
slow state　慢变状态　03.058
slow subsystem　慢变子系统　03.060
socio-cybernetics　社会控制论　06.088
socioeconomic system　社会经济系统　03.252
soft constraint　软约束　03.286
software environment　软件环境　04.314
software package of computer aided design　计算机辅助设计软件包　04.285
software psychology　软件心理学　04.324
software testing　软件测试　04.295
software testing plan　软件测试计划　04.296
software tool　软件工具　04.315
solar array pointing control　太阳帆板指向控制　04.444
solenoid valve　电磁阀　04.171
source　源[点]　03.353
space control　空间控制　04.405
space rendezvous　空间交会　04.472
space telemetry　航天遥测　04.536
special simulation technique　特殊仿真技术　04.636
specific impulse　比冲　04.499
speech recognition　语音识别　05.134
speed control system　调速系统　01.056
spin axis　自旋轴　04.465
spinner　自旋体　04.462
spin stabilization　自旋稳定　04.436
stability　稳定性　02.103
stability analysis　稳定性分析　02.102
stability condition　稳定[性]条件　02.110
stability criterion　稳定[性]判据，* 稳定[性]准则　02.126
stability limit　稳定[性]极限　02.111
stability margin　稳定裕度，* 稳定裕量　02.070
stability theory　稳定性理论　02.108
stabilizability　可稳性，* 能稳性　02.125
stabilization　镇定，* 稳定　03.022
stabilizing network　镇定网络　02.248
stable region　稳定域　02.109
stable system　稳定系统　02.106
Stackelberg decision theory　施塔克尔贝格决策理论　03.289
star sensor　星敏感器　04.478
starting　起动　04.394
state　状态　02.203
state constraint　状态约束　02.205
state diagram　状态图　02.208
state equation　状态方程　02.216
state equation model　状态方程模型　04.605
state estimation　状态估计　02.249
state feedback　状态反馈　02.243
state observer　状态观测器　02.245
state space　状态空间　02.210
state space description　状态空间描述　02.211
state space method　状态空间法　02.212
state trajectory　状态轨迹　02.209
state transition matrix　状态转移矩阵　02.223

state transition model 状态转移模型 04.607
state variable 状态变量 02.213
state vector 状态向量 02.221
static accuracy 静态精确度 02.074
static characteristic curve 静态特性曲线 04.389
static characteristics 静态特性 01.149
static decoupling 静态解耦 03.009
static input-output model 静态投入产出模型 06.076
static model 静态模型 04.611
station accuracy 定点精[确]度 04.470
stationary random process 平稳随机过程 01.180
statistical analysis 统计分析 06.054
statistical control 统计控制 06.007
statistical forecast 统计预测 06.053
statistic characteristics 统计特性 02.166
statistic model 统计模型 04.608
statistic pattern recognition 统计模式识别 05.113
steady state 稳态 01.158
steady state deviation 稳态偏差 02.099
steady state error 稳态误差 02.081
steady state error coefficient 稳态误差系数 02.092
steady state response 稳态响应 01.152
steady state value 稳态值 01.159
step-by-step control 步进控制 04.359
step function 阶跃函数 01.141
step motion electric drive 步进电气传动 04.351
step motor 步进电机 04.177
step response 阶跃响应 01.154
stepwise refinement 逐步精化 04.291
STM 短期记忆 05.028
stochastic control system 随机控制系统 01.054
stochastic control theory 随机控制理论 01.016
stochastic finite automaton 随机有限自动机 05.012
stochastic grammar 随机文法 05.013
stochastic pushdown automaton 随机下推自动机 05.014
strain gauge load cell 应变式称重传感器 04.112
strategic function 策略函数 03.294
string grammar 串文法 05.005
strongly coupled system 强耦合系统 03.004
structural controllability 结构可控性，* 结构能控性 03.075
structural coordination 结构协调 03.080
structural decomposition 结构分解 03.078
structural observability 结构可观测性，* 结构能观测性 03.076
structural passability 结构可通性，* 结构能通性 03.077
structural perturbation 结构摄动 03.079
structural stability 结构稳定性 02.139
structure model 结构模型 03.335
structure perturbation approach 结构摄动法 03.053
subjective probability 主观概率 03.285
suboptimal control 次优控制 03.162
suboptimality 次优性 03.160
suboptimal system 次优系统 03.161
subsystem 子系统 03.021
sun sensor 太阳敏感器 04.477
sun simulator 太阳仿真器 04.663
supervised training 监督训练 05.120
supervisory computer control system 计算机监控系统 04.221
sustained oscillation 自持振荡 01.156
swirlmeter 旋进流量计 04.057
switching point 切换点 02.164
switching time 切换时间 02.165
symbolic model 符号模型 03.339
symbolic pattern 符号模式 05.091
symbol processing 符号处理 05.069
synaptic plasticity 突触可塑性 06.121
synergetics 协同学 03.185
syntactic analysis 句法分析 05.123
syntactic pattern recognition 句法模式识别 05.112
system 系统 01.003
system aggregation 系统集结 03.112
system analysis 系统分析 03.207

system approach　系统方法　03.208
system assessment　系统评价　03.210
systematology　系统学　03.184
system decomposition　系统分解　03.025
system diagnosis　系统诊断　03.369
system dynamics　系统动力学　03.211
system dynamics model　系统动力学模型　03.212
system environment　系统环境　03.249
system error　系统误差　02.079
system evaluation　系统评价　03.210
system homomorphism　系统同态　03.250
system identification　系统辨识　02.297
system isomorphism　系统同构　03.251
system maintainability　系统可维护性　03.315
system matrix　系统矩阵　02.222
system model　系统模型　02.002
system modeling　系统建模，* 系统模型化　03.330
system optimization　系统[最]优化　02.269
system parameter　系统参数　02.003
system planning　系统规划　03.248
system reliability　系统可靠性　03.314
systems engineering　系统工程　03.206
system sensitivity　系统灵敏度　02.075
system simulation　系统仿真　04.546
system state　系统状态　02.204
system statistical analysis　系统统计分析　02.167
system theory　系统理论　01.010

T

tachometer　转速表　04.100
target flow transmitter　靶式流量变送器　04.064
target simulator　目标仿真器　04.659
task allocation　任务分配　06.072
task coordination　任务协调　03.042
task cycle　作业周期　05.198
task level language　作业级语言　05.190
task optimization　任务优化　06.071
task program　作业程序　05.184
Taylor system　泰勒制　03.368
teaching programming　示教编程　05.186
team decision theory　队决策理论　03.167
team theory　队论　03.166
technical evaluation　技术评价　03.259
telecommunication　远程通信　04.544
telemechanics　远动学　04.517
telemetering and remote control system　遥测遥控系统　04.543
telemetering communication system　遥测通信系统　04.537
telemetering system of frequency division type　频分[制]遥测系统　04.541
telemetering system of time division type　时分[制]遥测系统　04.542
telemetry　遥测　04.518
teleological system　目的系统　03.257
teleology　目的论　03.258
temperature controller　温度控制器　04.032
temperature measurement instrument　温度测量仪表　04.026
temperature sensor　温度传感器　04.028
temperature switch　温度开关　04.033
temperature transducer　温度传感器　04.028
temperature transmitter　温度变送器　04.031
template base　模板库　05.132
template matching　模板匹配　05.060
tensiometer　张力计　04.109
terminal control　终端控制　02.281
testability　可测试性　04.316
test signal　测试信号　01.139
texture　纹理　05.133
theorem proving　定理证明　05.073
therapy model　治疗模型　06.098
thermocouple　热电偶　04.029
thermometer　温度计　04.027
thickness meter　厚度计　04.082
thickness transducer　厚度传感器　04.081
three-axis attitude stabilization　三轴姿态稳定　04.435
three-axle table　三轴转台　04.677
three state controller　三位控制器　04.141

three step controller 三位控制器 04.141
thrust 推力 04.496
thruster 推力器 04.493
thrust vector control system 推力矢量控制系统 04.515
time constant 时间常数 02.040
time delay 时延 02.051
time delay system 时滞系统 01.070
time domain 时域 02.009
time domain analysis 时域分析 02.151
time domain matrix 时域矩阵 02.235
time domain matrix method 时域矩阵法 02.236
time domain method 时域法 02.153
time domain model reduction method 时域模型降阶法 03.138
time-invariant system 定常系统，* 非时变系统 01.060
time optimal control 时间最优控制 02.280
time scale factor 时间比例尺 04.566
time schedule controller 时序控制器 04.150
time series analysis 时间序列分析 03.228
time-sharing control 分时控制 04.210
time-varying parameter 时变参数 02.004
time-varying system 时变系统 01.059
top-down development 自上而下开发 04.286
top-down testing 自上而下测试 04.288
topological structure 拓扑结构 02.039
torquer 力矩器 04.490
torque transducer 转矩传感器 04.102
total quality control 全面质量管理 03.329
TQC 全面质量管理 03.329
tracking control 跟踪控制 02.194
tracking error 跟踪误差 02.083
trade-off analysis 权衡分析 03.229
training simulator 训练仿真器 04.666
transfer function 传递函数 02.015
transfer function matrix 传递函数矩阵 02.016
transfer function model 传递函数模型 04.604
transformation grammar 转换文法 05.017
transformation matrix 变换矩阵 02.225
transformation of state variable 状态变量变换 02.214
transient deviation 瞬态偏差 02.098
transient error 瞬态误差 02.082
transient process 过渡过程 01.138
transient process characteristic curve 暂态特性曲线 04.388
transient time 过渡过程时间 02.056
transition diagram 转移图 05.016
transmissible pressure gauge 电远传压力表 04.041
transmitter 变送器 04.025
transport lag 传输延迟 02.050
trend analysis 趋势分析 06.055
trend method 趋势法 03.220
triple modulation telemetering system 三重调制遥测系统 04.539
turbine flowmeter 涡轮流量计 04.056
Turing machine 图灵机 05.001
Turing test 图灵实验 05.002
two dimensional system 二维系统，* 2D 系统 03.096
two state controller 二位控制器 04.140
two step controller 二位控制器 04.140
two-time scale system 双时标系统 03.054
type 0 system 0 型系统 01.075
type 1 system 1 型系统 01.076
type 2 system 2 型系统 01.077

U

ultrasonic flowmeter 超声流量计 04.060
ultrasonic levelmeter 超声物位计 04.070
ultrasonic thickness meter 超声厚度计 04.084
unadjustable speed electric drive 非调速电气传动 04.350
unbiased estimation 无偏估计 02.313
underdamping 欠阻尼 02.041
understandability 可理解性 04.317
uniformly asymptotic stability 一致渐近稳定

性 02.135
uniform stability 一致稳定性 02.134
uninterrupted duty 不间断工作制，* 长期工作制 04.382
unit circle 单位圆 02.008
unit feedback 单位反馈 01.114
unit step function 单位阶跃函数 01.142
unit testing 单元测试 04.301
unsupervised learning 非监督学习 05.121
upper level problem 上级问题 03.063
urban planning 城市规划 03.256
user-friendly interface 用户友好界面 04.312
utility function 效用函数 03.255
utility theory 效用理论 03.224

V

value analysis 价值分析 03.254
value engineering 价值工程 03.253
variable frequency electric drive 变频电气传动 04.355
variable gain 可变增益，* 可变放大系数 01.101
variable gain method 可变增益法 02.237
variable structure control system 变结构控制系统 01.069
vector Lyapunov function 向量李雅普诺夫函数 03.122
velocity error 速度误差 02.088
velocity error coefficient 速度误差系数 02.094
velocity feedback 速度反馈 01.117
velocity transducer 速度传感器 04.117
vertical decomposition 纵向分解 03.027
vibrating wire force transducer 振弦式力传感器 04.106
vibration transducer 振动传感器 04.119
vibrometer 振动计 04.121
viscous damping 粘性阻尼 02.049
voltage source inverter 电压[源]型逆变器 04.376
vortex precession flowmeter 旋进流量计 04.057
vortex shedding flowmeter 涡街流量计 04.058

W

way base 方法库 03.344
way base management system 方法库管理系统 03.345
WB 方法库 03.344
WBMS 方法库管理系统 03.345
weakly coupled system 弱耦合系统 03.003
weighing cell 称重传感器 04.111
weighting factor [加]权因子 02.232
weighting function [加]权函数 02.233
weighting matrix [加]权矩阵 02.231
weighting method 加权法 03.287
white box testing approach 白箱测试法 04.297
white noise 白噪声 01.182
Whittaker-Shannon sampling theorem 惠特克-香农采样定理 02.192
width meter 宽度计 04.079
Wiener filtering 维纳滤波 02.317
working space 作业空间 05.182
work station 工作站 04.266
work station for computer aided design 计算机辅助设计工作站 04.267
world model 全球模型，* 世界模型 06.031
w-plane w 平面 02.013

Z

z-domain z 域 02.011
zero 零点 02.019
zero-based budget 零基预算 06.068
zero-input response 零输入响应 01.164

zero-state response 零状态响应 01.165
zero sum game model 零和对策模型 03.309
z-plane z 平面 02.012
z-transfer function z [变换]传递函数 02.018
z-transform z 变换 02.006

汉 英 索 引

A

安全空间 safety space 05.183

B

靶式流量变送器 target flow transmitter 04.064
白箱测试法 white box testing approach 04.297
白噪声 white noise 01.182
伴随算子 adjoint operator 02.234
伴随系统 adjoint system 01.082
半实物仿真 semi-physical simulation, hardware-in-the-loop simulation 04.627
半自动化 semi-automation 01.005
办公信息系统 office information system, OIS 06.010
办公自动化 office automation, OA 06.011
办公自动化系统 office automation system, OAS 06.012
饱和特性 saturation characteristics 01.099
报警器 alarm 04.160
悲观值 pessimistic value 03.275
背景仿真器 background simulator 04.660
贝叶斯分类器 Bayes classifier 05.117
贝叶斯学习 Bayesian learning 05.118
备选方案 alternative 03.244
被动姿态稳定 passive attitude stabilization 04.434
被控变量 controlled variable 01.127
＊被控对象 [controlled] plant 01.083
本体 body 05.167
比冲 specific impulse 04.499
比较环节 comparing element 01.092
比较元件 comparing element 04.198
比例积分控制 proportional plus integral control, PI control 01.035
比例积分控制器 proportional plus integral controller, PI controller 04.146
比例积分微分控制 proportional plus integral plus derivative control, PID control 01.037
比例积分微分控制器 proportional plus integral plus derivative controller, PID controller 04.148
比例控制 proportional control 01.030
比例控制器 proportional controller, P controller 04.143
比例微分控制 proportional plus derivative control, PD control 01.036
比例微分控制器 proportional plus derivative controller, PD controller 04.147
比例增益 proportional gain 02.052
比值操作器 ratio station 04.167
比值控制器 ratio controller 04.149
彼得里网络 Petri net 03.172
闭环 closed loop 01.104
闭环传递函数 closed loop transfer function 02.025
闭环过程控制 closed loop process control 04.003
闭环极点 closed loop pole 02.028
闭环控制 closed loop control 01.019
闭环控制系统 closed loop control system 01.074
闭环零点 closed loop zero 02.027
闭环稳定性 closed loop stability 02.118
闭环遥测系统 closed loop telemetering system 04.533
闭环遥控系统 closed loop remote control system 04.524
闭环增益 closed loop gain 02.026

必然性测度　necessity measure　03.360
边际效益　marginal effectiveness　03.283
边界控制　boundary control　02.282
边界值分析　boundary value analysis　04.300
Z 变换　z-transform　02.006
Z [变换]传递函数　z-transfer function　02.018
变换矩阵　transformation matrix　02.225
变结构控制系统　variable structure control system　01.069
变流器　converter　04.372
变频电气传动　variable frequency electric drive　04.355
变频器　frequency converter　04.378
变送器　transmitter　04.025
标量李雅普诺夫函数　scalar Lyapunov function　03.123
玻耳兹曼机　Boltzman machine　06.119
波纹管压力表　bellows pressure gauge　04.039
＊博弈论　game theory　03.303
＊博弈树　game tree　03.304
伯德图　Bode diagram　02.178
补偿　compensation　02.156
补偿网络　compensating network　02.159
不变嵌入原理　invariant embedding principle　03.165
不间断工作制　uninterrupted duty　04.382
不可逆电气传动　nonreversible electric drive　04.348
不连续控制　discontinuous control　01.022
不连续控制系统　discontinuous control system　01.047
不稳定性　instability　02.104
不相容原理　incompatibility principle　03.232
步进电机　step motor　04.177
步进电气传动　step motion electric drive　04.351
步进控制　step-by-step control　04.359

C

采样保持器　sampling holder　04.125
＊采样间隔　sampling interval　02.202
采样控制　sampling control, sampled data control　01.039
采样控制系统　sampling control system, sampled-data control system　02.196
采样脉冲　sampling pulse　01.173
采样频率　sampling frequency　02.200
采样器　sampler　04.124
采样数据　sampled data　02.198
采样误差　sampling error　02.201
采样系统　sampling system, sampled-data system　02.199
采样信号　sampled signal　02.197
采样元件　sampling element　04.196
采样值　sampling value　02.191
采样周期　sampling period　02.202
＊菜单选择式　menu selection mode　04.306
参数估计　parameter estimation　02.298
策略函数　strategic function　03.294
侧抑制网络　lateral inhibition network　06.122
测量范围　measuring range　04.390
测量仪表　measuring instrument, measurement instrument　04.020
测量元件　measuring element　04.197
测试信号　test signal　01.139
层次分析法　analytic hierarchy process, AHP　03.217
层次结构图　hierarchical chart　04.290
差动变压器式位移传感器　differential transformer displacement transducer　04.089
差分方程模型　difference equation model　04.603
差压变送器　differential pressure transmitter　04.047
差压传感器　differential pressure transducer, differential pressure sensor　04.046
差压开关　differential pressure switch　04.049
差压控制器　differential pressure controller　04.048
差压式流量计　differential pressure flowmeter　04.052
差压液位计　differential pressure levelmeter

04.069
产生式规则　production rule　05.088
产生式系统　production system　05.089
＊长期工作制　uninterrupted duty　04.382
长期规划　long term planning　06.056
长期记忆　long term memory, LTM　05.027
长时程协调　long time horizon coordination　03.047
超前补偿　lead compensation　02.162
＊超前环节　differentiation element　01.090
超前网络　lead network　04.201
超声厚度计　ultrasonic thickness meter　04.084
超声流量计　ultrasonic flowmeter　04.060
超声物位计　ultrasonic levelmeter　04.070
超实时仿真　faster-than-real-time simulation　04.625
超稳定性　hyperstability　02.143
超循环理论　hypercycle theory　03.363
称重传感器　load cell, weighing cell　04.111
城市规划　urban planning　03.256
成本控制　cost control　06.004
成组技术　group technology　03.221
＊程控系统　programmed control system　04.361
程序控制　programmed control　04.360
程序控制系统　programmed control system　04.361
程序设定操作器　program set station　04.166
尺度传感器　dimension transducer　04.078
冲激函数　impulse function　01.140
冲激响应　impulse response　01.153
冲激响应矩阵　impulse response matrix　02.227
冲量　impulse　04.497
重写规则　rewriting rule　05.019
抽象系统　abstract system　03.213
初始偏差　initial deviation　02.100
初始条件　initial condition　02.277
初[始状]态　initial state　02.206
穿越频率　cross-over frequency　02.172
传递函数　transfer function　02.015
传递函数矩阵　transfer function matrix　02.016
传递函数模型　transfer function model　04.604
传感器　sensor, [measuring] transducer　04.024
传输延迟　transport lag　02.050
串级电气传动　cascaded electric drive　04.354
串级系统　cascade system　03.111
串联补偿　cascade compensation　02.160
串文法　string grammar　05.005
磁电式转速传感器　magnetoelectric tachometric transducer　04.099
磁强计　magnetometer　04.480
磁弹性式称重传感器　magnetoelastic weighing cell　04.113
磁弹性式力传感器　magnetoelastic force transducer　04.104
磁稳定　magnetic stabilization　04.438
磁卸载　magnetic dumping　04.446
次优控制　suboptimal control　03.162
次优系统　suboptimal system　03.161
次优性　suboptimality　03.160
从站　slave station　04.334
粗-精控制　coarse fine control　04.381

D

大道原理　principle of turnpike　06.087
大系统　large scale system　03.016
大系统控制论　large scale system cybernetics　03.018
丹齐格-沃尔夫算法　Dantzig-Wolfe algorithm　03.209
单变量控制系统　single variable control system　01.063
单调关联系统　coherent system　03.316
单环协调策略　single loop coordination strategy　03.114
单回路控制　single loop control　01.025
单回路控制器　single loop controller　04.154
单回路控制系统　single loop control system

01.067
单级过程　single level process　03.109
* 单输入单输出控制系统　single input single output control system, SISO　01.063
单位反馈　unit feedback　01.114
单位阶跃函数　unit step function　01.142
单位圆　unit circle　02.008
单元测试　unit testing　04.301
单值非线性　single value nonlinearity　01.095
单轴转台　single axle table　04.676
单自由度陀螺　single degree of freedom gyro　04.486
弹体-目标相对运动仿真器　missile-target relative movement simulator　04.661
导出树　derivation tree　05.018
导航仪表　navigation instrument　04.507
等价类划分　equivalence partitioning　04.299
低成本自动化　low cost automation　04.019
低速稳定性　low speed stability　02.122
地磁力矩　geomagnetic torque　04.456
地球仿真器　earth simulator　04.664
递阶参数估计　hierarchical parameter estimation　03.073
递阶规划　hierarchical planning　05.086
递阶结构　hierarchical structure　03.081
递阶控制　hierarchical control　03.083
递阶系统　hierarchical system　03.082
递推估计　recursive estimation　02.312
点动　inching　04.400
点火姿态　firing attitude　04.429
点位控制　point-to-point control　05.191
电磁阀　solenoid valve　04.171
电磁流量传感器　electromagnetic flow transducer　04.062
电磁流量计　electromagnetic flowmeter　04.059
电磁制动　electromagnetic braking　04.396
电导液位计　electrical conductance levelmeter　04.073
电动控制　electric control　04.005
电动执行机构　electric actuator　04.181
电感式力传感器　inductive force transducer　04.105
电感式位移传感器　inductive displacement transducer　04.088
电接点压力表　pressure gauge with electric contact　04.040
* 电力拖动　electric drive　04.344
电力系统自动化　power system automation　04.017
电流[源]型逆变器　current source inverter　04.375
电气传动　electric drive　04.344
电气传动控制设备　electric drive control gear　04.366
电气联锁　electric interlock　04.401
电-气转换器　electric pneumatic converter　04.130
电容式力传感器　capacitive force transducer　04.107
电容式位移传感器　capacitive displacement transducer　04.090
电容物位计　electrical capacitance levelmeter　04.072
电推进　electric propulsion　04.492
电位器式位移传感器　potentiometric displacement transducer　04.087
电涡流厚度计　eddy current thickness meter　04.083
电压[源]型逆变器　voltage source inverter　04.376
电液控制　electrohydraulic control　04.008
电液伺服阀　electrohydraulic servo valve　04.173
电液执行机构　electrohydraulic actuator　04.183
电-液转换器　electric hydraulic converter　04.131
电远传压力表　transmissible pressure gauge　04.041
电子料斗秤　electronic hopper scale　04.115
电子配料秤　electronic batching scale　04.116
电子皮带秤　electronic belt conveyor scale　04.114
蝶阀　butterfly valve　04.187
迭代协调　iterative coordination　03.039
定常系统　time-invariant system　01.060
定点精[确]度　station accuracy　04.470

定理证明 theorem proving 05.073
定向 orientation 04.415
定向控制 orientation control 04.449
定性物理模型 qualitative physical model 05.068
定值控制 fixed set point control 01.043
定值控制系统 fixed set point control system 04.358
动量轮 momentum wheel 04.502
动态反馈矩阵 dynamic feedback matrix 02.224
动态规划 dynamic programming 03.260
动态解耦 dynamic decoupling 03.010
动态控制 dynamic control 01.038
动态模型 dynamic model 04.610
动态偏差 dynamic deviation 02.097
动态特性 dynamic characteristics 01.148
动态投入产出模型 dynamic input-output model 06.077
动态吻合性 dynamic exactness 03.136
动态误差 dynamic error 02.080
动态误差系数 dynamic error coefficient 02.091
动态响应 dynamic response 01.151
动作级语言 motion level language 05.189
短期工作制 short time duty 04.385
短期计划 short term planning 06.058
短期记忆 short term memory, STM 05.028
短时程协调 short time horizon coordination 03.048
短语结构文法 phrase-structure grammar 05.124
断续工作制 intermittent duty 04.384
队决策理论 team decision theory 03.167
队论 team theory 03.166
对策论 game theory 03.303
对策树 game tree 03.304
对角主导矩阵 diagonally dominant matrix 03.011
对偶协调 dual coordination 03.037
对偶原理 dual principle 02.238
对数幅频特性 log magnitude-frequency characteristics 02.177
对数幅相图 log magnitude-phase diagram 02.179
对数相频特性 log phase-frequency characteristics 02.176
多变量控制系统 multivariable control system 01.064
多步最小二乘估计 multistage least squares estimation 02.304
多层递阶结构 multilayer hierarchical structure 03.087
多层递阶控制 multilayer hierarchical control 03.086
多层管理系统 multistratum management system 06.019
多层控制 multilayer control 03.085
多层系统 multilayer system 03.084
多[重]判据 multicriteria 03.282
多段递阶结构 multistratum hierarchical structure 03.091
多段递阶控制 multistratum hierarchical control 03.090
多段管理系统 multistage management system 06.020
多段决策过程 multistage decision process 03.301
多段控制 multistratum control 03.089
多段模型 multisegment model 04.613
多段系统 multistratum system 03.088
多回路控制 multiloop control 01.026
多回路控制器 multiloop controller 04.155
多回路控制系统 multiloop control system 01.068
多级递阶结构 multilevel hierarchical structure 03.095
多级递阶控制 multilevel hierarchical control 03.094
多级多目标结构 multilevel multi-objective structure 03.174
多级管理系统 multilevel management system 06.018
多级过程 multilevel process 03.110
多级计算机控制系统 multilevel computer control system 04.216
多级决策 multilevel decision 03.290
多级控制 multilevel control 03.093

多级系统　multilevel system　03.092
多级协调　multilevel coordination　03.043
多目标决策　multi-objective decision　03.300
多普勒导航系统　Doppler navigation system　04.508
* 多输入多输出控制系统　multi-input multi-output control system, MIMO　01.064
多属性效用函数　multi-attributive utility function　03.242
多态逻辑　multistate logic　05.038
多体控制　multi-body control　04.442
多维系统　multidimensional system　03.097
多位控制器　multistate controller, multistep controller　04.142
多项式输入　polynomial input　01.145
多样性　diversity　03.190
多用户仿真　multi-user simulation　04.640

E

二次型性能指标　quadratic performance index　02.077
二维系统　two dimensional system, 2D system　03.096
二位控制器　two state controller, two step controller　04.140

F

发起站　initiator　04.339
发展中系统　developing system, evolutionary system　03.355
罚函数法　penalty function method　03.169
反接制动　plug braking　04.399
反馈　feedback　01.109
反馈补偿　feedback compensation　02.157
反馈环节　feedback element　01.086
反馈回路　feedback loop　01.113
反馈控制　feedback control　01.029
反馈信号　feedback signal　01.135
反馈增益　feedback gain　02.053
反向推理　backward reasoning　05.046
反作用轮　reaction wheel　04.501
反作用轮控制　reaction wheel control　04.443
[返回]比矩阵　return ratio matrix　02.229
[返回]差矩阵　return difference matrix　02.228
返回控制　return control　04.409
方法库　way base, WB　03.344
方法库管理系统　way base management system, WBMS　03.345
方位对准　bearing alignment　04.511
方位角　bearing angle　04.509
房室模型　compartmental model　06.100
仿真　simulation　04.545
仿真程序　simulation program　04.680
仿真方法学　simulation methodology　04.615
仿真[方]框图　simulation block diagram　04.642
仿真工作站　simulation work station　04.669
仿真过程　simulation process　04.641
仿真过程时间　simulation process time　04.564
仿真环境　simulation environment　04.616
仿真技术　simulation technique　04.614
仿真结果　simulation result　04.652
仿真类型　simulation type　04.619
仿真模型　simulation model　04.592
仿真模型库　simulation model library　04.688
仿真评价　simulation evaluation　04.651
仿真器　simulator　04.656
仿真软件　simulation software　04.678
仿真设备　simulation equipment　04.675
仿真时钟　simulation clock　04.648
仿真实验　simulation experiment　04.645
仿真实验分析　analysis of simulation experiment　04.647
仿真实验模式库　simulation experiment mode library　04.691
仿真实验设计　design of simulation experiment　04.646
仿真实验室　simulation laboratory　04.670

仿真数据　simulated data　04.694
仿真数据库　simulation data base　04.690
仿真速度　simulation velocity　04.644
仿真算法　simulation algorithm　04.617
仿真算法库　simulation algorithm library　04.692
仿真图形库　simulation graphic library　04.689
仿真系统　simulation system　04.671
仿真信息库　simulation information library　04.687
仿真语言　simulation language　04.681
仿真运行　simulation run　04.649
仿真支持系统　simulation support system　04.673
仿真知识库　simulation knowledge base　04.693
仿真中断　simulated interrupt　04.650
仿真中心　simulation centre　04.668
仿真专家系统　simulation expert system　04.674
仿真作业　simulation job　04.643
放大环节　amplifying element　01.087
放大器　amplifier　04.371
非参数训练　nonparametric training　05.119
非单调关联系统　noncoherent system　03.317
非单调逻辑　nonmonotonic logic　05.036
非单值非线性　non-single value nonlinearity　01.096
非工程系统仿真　non-engineering system simulation　04.553
非合作对策　noncooperative game　03.307
非监督学习　unsupervised learning　05.121
非经典信息模式　nonclassical information pattern　03.158
非均衡系统　nonequilibrium system　06.067
非零和对策模型　nonzero sum game model　03.310
非平衡态　nonequilibrium state　03.357
非平稳随机过程　non-stationary random process　01.181
非奇异摄动　nonsingular perturbation　03.051
非确定性控制系统　nondeterministic control system　01.053
非确定性模型　nondeterministic model　03.333
＊非时变系统　time-invariant system　01.060
非调速电气传动　unadjustable speed electric drive　04.350
非线性　nonlinearity　01.093
非线性估计　nonlinear estimation　02.309
非线性规划　nonlinear programming　03.262
非线性环节　nonlinear element　01.085
非线性控制系统　nonlinear control system　01.051
非线性控制系统理论　nonlinear control system theory　01.013
非线性模型　nonlinear model　02.034
非线性特性　nonlinear characteristics　01.097
非线性系统仿真　nonlinear system simulation　04.556
非线性预报　nonlinear prediction　02.321
非终止符　nonterminal　05.020
非周期分解　aperiodic decomposition　03.032
非自治系统　nonautonomous system　03.103
非最小相位系统　nonminimum phase system　01.079
飞行仿真　flight simulation　04.637
飞行仿真器　flight simulator　04.657
费用效益分析　cost-effectiveness analysis　03.227
分布参数控制系统　distributed parameter control system　01.066
分布参数模型　distributed parameter model　04.601
分布控制　distributed control　03.145
分布式处理　distributed processing　04.262
分布式计算机控制系统　distributed computer control system　04.214
分布式结构　distributed structure　05.084
分布式数据库管理系统　distributed data base management system, DDBMS　04.215
分解　decomposition　03.023
分解集结法　decomposition-aggregation approach　03.029
分解协调法　decomposition-coordination

approach 03.036
分类器 classifier 05.114
分离原理 separation principle 03.272
＊分配问题 allocation problem, assignment problem 03.266
＊分批管理 job-lot control 06.005
分批控制 job-lot control 06.005
＊分权管理系统 decentralized management system 06.024
分散管理系统 decentralized management system 06.024
分散化 decentralization 03.148
分散控制 decentralized control 03.149
分散控制系统 decentralized control system 03.150
分散鲁棒控制 decentralized robust control 03.154
分散滤波 decentralized filtering 03.151
分散模型 decentralized model 03.152
分散随机控制 decentralized stochastic control 03.155
分散性 decentrality 03.147
分散镇定 decentralized stabilization 03.153
分时控制 time-sharing control 04.210
＊分维体 fractal 03.196
分形体 fractal 03.196
封闭系统 closed system 03.180
峰值时间 peak time 02.055
风险分析 risk analysis 03.327
风险决策 risk decision 03.324
风险评价 risk evaluation 03.325
幅度比例尺 magnitude scale factor 04.565
幅频特性 magnitude-frequency characteristics, amplitude-frequency characteristics 02.174
幅相特性 magnitude-phase characteristics 02.175
幅值响应 amplitude response 01.162
幅值裕度 magnitude margin 02.071
＊幅值裕量 magnitude margin 02.071
符号处理 symbol processing 05.069
符号模式 symbolic pattern 05.091
符号模型 symbolic model 03.339
服务系统 service system 03.277
浮子流量计 float flowmeter, rotameter 04.053
浮子液位计 float levelmeter 04.068
副回路 minor loop 01.107
复合控制 compound control 01.020
复合控制系统 compound control system 04.012
复合系统 compound system 03.099
复杂系统 complex system 03.179
负反馈 negative feedback 01.111
负载比 duty ratio 04.387
附加极点 additional pole 02.024
附加零点 additional zero 02.023

G

感觉控制 sensory control 05.193
感受野 receptive field 06.108
感知机 perceptron 06.116
刚性航天器动力学 rigid spacecraft dynamics 04.459
隔膜阀 diaphragm valve 04.190
根轨迹 root locus 02.183
根轨迹法 root locus method 02.184
跟踪控制 tracking control 02.194
跟踪误差 tracking error 02.083
工厂通信 factory communication 04.331
工厂信息协议 factory information protocol, FIP 04.328
工程仿真器 engineering simulator 04.667
工程控制论 engineering cybernetics 01.008
工程系统仿真 engineering system simulation 04.552
工效学 ergonomics 05.107
工业机器人 industrial robot 05.162
工业控制 industrial control 04.004
工业控制系统 industrial control system 04.010
工业自动化 industrial automation 04.013
工作站 work station 04.266

功能电刺激　functional electrical stimulation, FES　06.105
功能仿真　functional simulation　04.623
功能分解　functional decomposition　03.028
功能分析　function analysis　03.225
功能相似　functional similarity　04.570
共态变量　costate variable　03.074
估计理论　estimation theory　02.306
估计量　estimate　02.308
估计器　estimator　02.307
估计误差　estimation error　02.310
孤立系统　isolated system　03.198
故障识别　failure recognition　03.320
故障诊断　failure diagnosis　03.318
固定模　fixed mode　03.164
固定顺序机械手　fixed sequence manipulator　05.159
固有不稳定性　inherent instability　02.117
固有调节　inherent regulation　02.149
固有反馈　inherent feedback　01.122
固有非线性　inherent nonlinearity　01.094
固有稳定性　inherent stability　02.116
关键路径法　critical path method, CPM　03.347
关节　joint　05.173
关节型机器人　revolute robot, articulated robot　05.171
关节坐标系　joint coordinate system　05.179
*关联　interaction, interconnection　03.019
*关联平衡法　interaction balance method　03.066
*关联系统　interacted system, interconnected system　03.020
*关联预估法　interaction prediction approach　03.065
关系代数　relational algebra　05.090
观测器　observer　02.244
管理决策　management decision　06.026
管理科学　management science　06.025
管理信息系统　management information system, MIS　06.009
管理站　manager　04.342
惯性环节　inertial element　01.088
惯性轮　inertia wheel　04.500
惯性平台　inertial platform　04.505
惯性姿态敏感器　inertial attitude sensor　04.481
惯性坐标系　inertial coordinate system　04.460
光电式宽度计　photoelectric width meter　04.080
光电式转速传感器　photoelectric tachometric transducer　04.097
光纤式转速表　optic fiber tachometer　04.101
光纤式转速传感器　optic fiber tachometric transducer　04.098
光学姿态敏感器　optical attitude sensor　04.475
广度优先搜索　breadth-first search　05.075
广义建模　generalized modeling　06.030
广义最小二乘估计　generalized least squares estimation　02.303
规范化状态变量　canonical state variable　02.215
规则库　rule base　05.064
归结原理　resolution principle　05.042
归纳建模法　inductive modeling method　04.576
轨道保持　orbit maintenance　04.471
轨道捕获　orbital acquisition　04.469
轨道参数　orbit parameter　04.418
轨道和姿态耦合　coupling of orbit and attitude　04.427
轨道机动　orbital maneuver　04.467
轨道交会　orbital rendezvous　04.468
轨道角速度　orbit angular velocity　04.410
轨道控制　orbit control　04.403
轨道控制精[确]度　orbit control accuracy　04.504
轨道摄动　orbit perturbation　04.411
轨道陀螺罗盘　orbit gyrocompass　04.484
轨道坐标系　orbit coordinate system　04.461
辊缝测量仪　roll gap measuring instrument　04.093
国家模型　national model　06.032
过程控制　process control　04.001
过程控制计算机　process control computer

04.224
过程控制系统　process control system　01.055
过程控制信息系统　information system for process control　04.220
过程模型　process model　04.009
过程自动化　process automation　04.014
过渡过程　transient process　01.138
过渡过程时间　settling time, transient time　02.056
过阻尼　overdamping　02.042

H

航天遥测　space telemetry　04.536
耗散结构　dissipative structure　03.189
核辐射厚度计　nuclear radiation thickness meter　04.085
核辐射物位计　nuclear radiation levelmeter　04.071
和谐变量　harmonious variable　03.014
和谐策略　harmonious strategy　03.013
和谐控制　harmonious control　03.012
和谐偏差　harmonious deviation　03.015
合作对策　cooperative game　03.306
赫尔维茨稳定判据　Hurwitz's stability criterion　02.128
黑板框架　blackboard framework　05.080
黑箱　black box　03.194
黑箱测试法　black box testing approach　04.298
横向分解　horizontal decomposition　03.026
宏观经济模型　macro-economic model　06.036
宏观经济系统　macro-economic system　06.022
红外地球敏感器　infrared earth sensor　04.476
红外线气体分析器　infrared gas analyzer　04.123
厚度传感器　thickness transducer　04.081
厚度计　thickness meter　04.082
后验估计　*a posteriori* estimate　03.268
互联　interaction, interconnection　03.019
互联平衡法　interaction balance method　03.066
互联系统　interacted system, interconnected system　03.020
互联预估法　interaction prediction approach　03.065
化工自动化　chemical process automation　04.018
化学推进　chemical propulsion　04.495
回馈制动　regenerative braking　04.398
回溯　backtrack　05.081
回响　reverberation　06.107
惠特克-香农采样定理　Whittaker-Shannon sampling theorem　02.192
汇[点]　sink　03.352
混合仿真　hybrid simulation　04.634
混合模型　hybrid model　04.609
混沌　chaos　03.195
霍尔式位移传感器　Hall displacement transducer　04.091
霍尔三维结构　Hall three dimension structure　03.240

J

基座　base　05.166
基座坐标系　base coordinate system　05.178
机理模型　mechanism model　04.612
机器人　robot　05.155
机器人编程语言　robot programming language　05.187
机器人系统　robot system　05.158
机器人学　robotics　05.157
机器智能　machine intelligence　05.087
机械手　manipulator　05.156
积分饱卷　integral windup　01.032
积分反馈　integral feedback　01.121
积分环节　integration element　01.089
积分控制　integral control　01.031

积分控制器　integral controller, I controller　04.144
积分性能准则　integral performance criterion　02.063
积累误差　accumulated error　02.085
积算仪表　integrating instrument　04.136
肌电控制　myoelectric control　06.103
极大值原理　maximum principle　02.272
极点　pole　02.020
极点配置　pole assignment　02.242
极限报警器　limit alarm　04.161
极限环　limit cycle　01.103
极坐标型机器人　polar robot　05.170
集成测试　integration testing　04.302
集结　aggregation　03.132
集结矩阵　aggregation matrix　03.134
＊集中参数控制系统　lumped parameter control system　01.065
＊集中参数模型　lumped parameter model　04.600
集中管理系统　centralized management system　06.023
集中控制　centralized control　03.100
集中性　centrality　03.146
集总参数控制系统　lumped parameter control system　01.065
集总参数模型　lumped parameter model　04.600
几何相似　geometric similarity　04.571
技术评价　technical evaluation　03.259
剂量反应模型　dose-response model　06.099
计划评审技术　program evaluation and review technique, PERT　03.349
计量经济模型　econometric model　06.038
计算机仿真　computer simulation　04.628
计算机仿真系统　computer simulation system　04.672
计算机辅助测试　computer aided testing, CAT　04.279
计算机辅助分析　computer aided analysis, CAA　04.281
计算机辅助工程　computer aided engineering, CAE　04.273
计算机辅助故障诊断　computer aided debugging　04.274
计算机辅助管理　computer assisted management　04.280
计算机辅助规划　computer aided planning, CAP　04.270
计算机辅助教学　computer assisted instruction, CAI　04.276
计算机辅助控制工程　computer aided control engineering, CACE　04.272
计算机辅助设计　computer aided design, CAD　04.269
计算机辅助设计工作站　work station for computer aided design　04.267
计算机辅助设计软件包　software package of computer aided design　04.285
计算机辅助生产计划　computer aided production planning, CAPP　04.277
计算机辅助学习　computer assisted learning, CAL　04.283
计算机辅助研究开发　computer aided researching and developing, CARD　04.278
计算机辅助制造　computer aided manufacturing, CAM　04.282
计算机辅助质量管理　computer aided quality management　04.275
计算机辅助质量控制　computer aided quality control, CAQC　04.271
计算机集成制造系统　computer integrated manufacturing system, CIMS　04.325
计算机监控系统　supervisory computer control system　04.221
计算机控制　computer control　04.205
计算机控制系统　computer control system　04.213
计算机视觉　computer vision　05.154
＊计算机综合制造系统　computer integrated manufacturing system, CIMS　04.325
记录仪　recorder　04.134
继电控制系统　relay control system　04.011
继电[器]特性　relay characteristics　01.102
加权法　weighting method　03.287
[加]权函数　weighting function　02.233
[加]权矩阵　weighting matrix　02.231
[加]权因子　weighting factor　02.232

加速度传感器　acceleration transducer, accelerometer　04.118
加速度反馈　acceleration feedback　01.118
加速度仿真器　acceleration simulator　04.662
加速度函数　acceleration function　01.144
加速度计　accelerometer　04.506
加速度误差　acceleration error　02.089
加速度误差系数　acceleration error coefficient　02.095
价格法　price method　03.070
价格协调　price coordination　03.040
价值分析　value analysis　03.254
价值工程　value engineering　03.253
监督训练　supervised training　05.120
监控站　monitor　04.341
监视器　monitor　04.137
间隙特性　backlash characteristics　01.100
* 兼容性　compatibility　03.230
* 检测仪表　measuring instrument, measurement instrument　04.020
检出器　detector　04.023
简化模型　simplified model　03.129
渐近稳定性　asymptotic stability　02.119
建模　modeling　04.573
降阶观测器　reduced order observer　02.247
降阶模型　reduced model　03.130
交叠分解　overlapping decomposition　03.031
交互式处理　interactive processing　04.263
交互式多次运行仿真　interactive multi-run simulation　04.639
交互系统　interactive system　05.108
交会和对接　rendezvous and docking　04.473
交-交变频器　ac-ac frequency converter　04.379
交流电气传动　alternating current electric drive, ac electric drive　04.346
* 交越频率　cross-over frequency　02.172
交-直-交变频器　ac-dc-ac frequency converter　04.380
角行程阀　rotary motion valve　04.185
* 校正　compensation　02.156
阶跃函数　step function　01.141
阶跃响应　step response　01.154
截止频率　cut-off frequency　02.171
结构分解　structural decomposition　03.078
结构可观测性　structural observability　03.076
结构可控性　structural controllability　03.075
结构可通性　structural passability　03.077
结构模型　structure model　03.335
* 结构能观测性　structural observability　03.076
* 结构能控性　structural controllability　03.075
* 结构能通性　structural passability　03.077
结构摄动　structural perturbation　03.079
结构摄动法　structure perturbation approach　03.053
结构稳定性　structural stability　02.139
结构协调　structural coordination　03.080
解裂　disaggregation　03.133
解耦　decoupling　03.001
解耦参数　decoupling parameter　03.007
解耦零点　decoupled zero　03.008
解耦系统　decoupled system　03.005
解耦子系统　decoupled subsystem　03.006
解释　explanation　05.105
解释结构建模[法]　interpretive structure modeling, ISM　03.362
解释型结构模型　interpretive structure model　03.336
界面　interface　03.246
* 进化系统　developing system, evolutionary system　03.355
近似推理　approximate reasoning　03.239
近优性　near-optimality　03.062
经典控制理论　classical control theory　01.014
经典信息模式　classical information pattern　03.157
经济分析　economic analysis　06.043
经济管理系统　economic management system　06.008
经济管理信息系统　economic management information system　06.015
经济管理专家系统　economic management expert system　06.017
经济环境　economic environment　06.049

经济决策　economic decision　06.028
经济控制　economic control　06.001
经济控制理论　economic control theory　06.003
经济控制论　economic cybernetics　06.002
经济模型　economic model　06.034
经济评价　economic evaluation　06.044
经济数据　economic data　06.045
经济系统模型　economic system model　04.606
经济效益　economic effectiveness　06.048
经济预测　economic forecast　06.050
经济指标　economic indicator　06.046
经济指数　economic index　06.047
经验分布　empirical distribution　03.271
静态解耦　static decoupling　03.009
静态精确度　static accuracy　02.074
静态模型　static model　04.611
静态特性　static characteristics　01.149
静态特性曲线　static characteristic curve　04.389
静态投入产出模型　static input-output model　06.076
竞争决策　competition decision　03.302
纠错剖析　error-correcting parsing　05.125
局部反馈　local feedback　01.115
局部渐近稳定性　local asymptotic stability　02.136
局部决策者　local decision maker　03.119
局部控制者　local controller　03.120
局部数据库　local data base　04.223
局部稳定性　local stability　02.121
局部自动化　local automation　04.015
局部最优　local optimum　03.280
局域网　local area network, LAN　04.332
聚类　cluster　05.115
聚类分析　cluster analysis　05.116
巨系统　huge system　03.017
句法分析　syntactic analysis　05.123
句法模式识别　syntactic pattern recognition　05.112
决策程序　decision program　03.296
决策分析　decision analysis　03.298
决策空间　decision space　03.292
决策[理]论　decision theory　03.288
决策模型　decision model　03.295
决策树　decision tree　03.293
决策支持系统　decision support system, DSS　05.109
绝对稳定性　absolute stability　02.112
绝对误差积分准则　integral of absolute value of error criterion　02.066
均方误差准则　mean-square error criterion　02.069
均衡模型　equilibrium model　03.331
均衡增长　equilibrium growth　06.063
均匀系统　homogeneous system　03.193

K

卡尔曼-布西滤波器　Kalman-Bucy filter　02.316
卡尔曼滤波　Kalman filtering　02.314
卡尔曼滤波器　Kalman filter　02.315
开放系统　open system　03.181
开环　open loop　01.105
开环传递函数　open loop transfer function　02.029
开环过程控制　open loop process control　04.002
开环极点　open loop pole　02.032
开环控制　open loop control　01.018
开环控制系统　open loop control system　01.073
开环零点　open loop zero　02.031
开环遥测系统　open loop telemetering system　04.532
开环遥控系统　open loop remote control system　04.525
开环增益　open loop gain　02.030
抗积分饱卷　anti-integral windup　01.033
可编程序控制器　programmable controller, PC　04.152
可编程序逻辑控制器　programmable logic

controller, PLC　04.153
＊可变放大系数　variable gain　01.101
可变增益　variable gain　01.101
可变增益法　variable gain method　02.237
可辨识性　identifiability　02.262
可测试性　testability　04.316
可达集　reachable set　02.265
可达性　reachability　02.263
可达状态　reachable state　02.264
可动空间　motion space　05.180
可分性　separability, divisibility　03.191
可观测规范型　observable canonical form　02.253
可观测性　observability　02.251
可观测性矩阵　observability matrix　02.255
可观测指数　observability index　02.254
可及性　accessibility　03.348
可计算一般均衡模型　computable general equilibrium model　06.066
可检测性　detectability　02.261
可靠度　reliability　03.313
可靠性　reliability　03.312
可控规范型　controllable canonical form　02.258
可控性　controllability　02.256
可控性矩阵　controllability matrix　02.260
可控指数　controllability index　02.259
可扩充性　augmentability　04.320
可理解性　understandability　04.317
可逆电气传动　reversible electric drive　04.347
可逆系统　inversible system　03.183
可实现性　realizability　02.250
可维护性　maintainability　04.321
可稳性　stabilizability　02.125
可协调条件　coordinability condition　03.116
可协调性　coordinability　03.034
可行协调　feasible coordination　03.117
可行性　feasibility　03.235
可行性研究　feasibility study　03.236
可行域　feasible region　03.270
可修改性　modifiability　04.318
可移植性　portability　04.323
课件　courseware　04.294
空间交会　space rendezvous　04.472
空间控制　space control　04.405
控制板　control board　04.367
控制变量　control variable　01.126
控制对象　[controlled] plant　01.083
控制阀　control valve　04.170
控制范围　control range　04.391
控制工程　control engineering　01.002
控制柜　control cabinet, control cubicle　04.369
控制环节　control element　04.200
控制回路　control loop　01.125
控制技术　control technique　01.006
控制计算机接口　control computer interface　04.233
控制精[确]度　control accuracy　04.393
控制理论　control theory　01.009
控制力矩陀螺　control moment gyro　04.498
控制律　control law　01.166
控制论　cybernetics　01.007
控制论机器　cybernetic machine　03.187
控制论系统　cybernetic system　03.186
＊控制盘　control panel　04.368
控制屏　control panel　04.368
控制器　controller　04.139
＊D 控制器　derivative controller, D controller　04.145
＊I 控制器　integral controller, I controller　04.144
＊P 控制器　proportional controller, P controller　04.143
＊PD 控制器　proportional plus derivative controller, PD controller　04.147
＊PI 控制器　proportional plus integral controller, PI controller　04.146
＊PID 控制器　proportional plus integral plus derivative controller, PID controller　04.148
控制软件　control software　04.227
控制设备　control equipment　04.194
控制时程　control time horizon　03.046
控制[式]自整角机　control synchro　04.203
控制台　[control] console　04.193
控制系统仿真　control system simulation　04.554

控制系统分析　control system analysis　02.144
控制系统计算机辅助设计　computer aided design of control system, CADCS　04.284
控制系统设计　control system design　02.145
控制系统综合　control system synthesis　02.146
控制箱　control box　04.370
控制信号　control signal　01.167
控制仪表　controlling instrument　04.138
控制元件　control element　04.199
控制站　control station　04.343
库存管理系统　inventory management system　06.014
库存论　inventory theory　03.265
会计信息系统　accounting information system　06.013
块对角化　block diagonalization　03.163
快变模态　fast mode　03.055
快变状态　fast state　03.057
快变子系统　fast subsystem　03.059
快慢分离　fast-slow separation　03.061
快速仿真　high speed simulation　04.635
宽度计　width meter　04.079
框架　framework　05.051
框架轮　gimbaled wheel　04.503
框图　block diagram　02.036
扩展的转移网络　augmented transition network, ATN　05.015

L

拉格朗日对偶[性]　Lagrange duality　03.168
拉普拉斯变换　Laplace transform　02.005
劳思近似法　Routh approximation method　03.137
劳思稳定判据　Routh stability criterion　02.127
乐观值　optimistic value　03.274
离散控制系统　discrete control system　01.048
离散事件动态系统　discrete event dynamic system, DEDS　03.215
离散事件系统仿真　discrete event system simulation　04.549
离散事件系统仿真语言　discrete event system simulation language　04.684
离散事件系统模型　discrete event system model　04.595
离散系统仿真　discrete system simulation　04.548
离散系统仿真语言　discrete system simulation language　04.683
离散系统模型　discrete system model　04.594
离散信号　discrete signal　04.247
离线处理　off-line processing　04.265
离线系统仿真　off-line system simulation　04.558
李雅普诺夫不稳定性定理　Lyapunov theorem of instability　02.141
李雅普诺夫间接法　Lyapunov indirect method　02.131
李雅普诺夫渐近稳定性定理　Lyapunov theorem of asymptotic stability　02.142
李雅普诺夫稳定性　Lyapunov stability　02.120
李雅普诺夫稳定性定理　Lyapunov theorem of stability　02.140
李雅普诺夫直接法　Lyapunov direct method　02.130
利润控制　profit control　06.006
利润预测　profit forecast　06.051
力测量仪　force measuring instrument　04.110
力传感器　force transducer　04.103
力矩器　torquer　04.490
* 联机处理　on-line processing　04.264
联想机　associatron　06.120
联想记忆　associative memory　05.104
联想记忆模型　associative memory model　06.114
连接机制　connectionism　05.103
连结稳定性　connective stability　03.125
连结性　connectivity　03.124
连续工作制　continuous duty　04.383
连续控制　continuous control　01.021

连续控制系统　continuous control system　01.046
连续离散混合系统仿真　continuous discrete hybrid system simulation　04.550
连续离散混合系统模型　continuous discrete hybrid system model　04.596
连续离散事件混合系统仿真　continuous discrete event hybrid system simulation　04.551
连续离散事件混合系统模型　continuous discrete event hybrid system model　04.597
连续离散事件系统仿真语言　continuous discrete event system simulation language　04.686
连续离散系统仿真语言　continuous discrete system simulation language　04.685
连续系统仿真　continuous system simulation　04.547
连续系统仿真语言　continuous system simulation language　04.682
连续系统模型　continuous system model　04.593
链式集结　chained aggregation　03.135
量化误差　quantized error　02.101
量化噪声　quantized noise　01.174
临床控制系统　clinical control system　06.096
临界稳定性　critical stability　02.123
临界稳定状态　critical stable state　02.124
临界阻尼　critical damping　02.048
零点　zero　02.019
零和对策模型　zero sum game model　03.309
零基预算　zero-based budget　06.068
零极点分布　pole-zero location　02.022
零极点相消　pole-zero cancellation　02.241
零输入响应　zero-input response　01.164
零状态响应　zero-state response　01.165
灵敏度分析　sensitivity analysis　03.247
领域知识　domain knowledge　05.085
流量变送器　flow transmitter　04.063
流量测量仪表　flow measurement instrument　04.050
流量传感器　flow transducer, flow sensor　04.061
流量计　flowmeter　04.051
流量开关　flow switch　04.066
流量控制器　flow controller　04.065
六分仪　sextant　04.489
鲁棒控制　robust control　02.290
鲁棒控制器　robust controller　02.291
鲁棒性　robustness　02.289
鲁里叶方法　Lur′e method　02.132
路径　path　05.177
路径精[确]度　path accuracy　05.204
路径可重复性　path repeatability　05.205
路径控制　path control　05.192
路径问题　routing problem　03.276
逻辑控制　logical control　04.209
逻辑模型　logical model　05.033

M

脉冲持续时间　pulse duration　01.147
*脉冲函数　impulse function　01.140
脉冲控制　pulse control　01.040
脉冲调宽控制系统　pulse width modulation control system, PWM control system　04.364
脉冲调频控制系统　pulse frequency modulation control system　04.365
脉冲序列　pulse sequence　01.146
脉宽调制逆变器　pulse width modulation inverter, PWM inverter　04.377
慢变模态　slow mode　03.056
慢变状态　slow state　03.058
慢变子系统　slow subsystem　03.060
盲目搜索　blind search　05.079
梅森增益公式　Mason′s gain formula　02.038
面向动作的仿真　action-oriented simulation　04.630
面向过程的仿真　process-oriented simulation　04.631
面向事件的仿真　event-oriented simulation　04.629
描述函数　describing function　02.185
敏感元件　sensing element　04.195

模板库　template base　05.132
模板匹配　template matching　05.060
模糊对策　fuzzy game　03.305
模糊决策　fuzzy decision　03.297
模糊控制　fuzzy control　02.286
模糊控制器　fuzzy controller　02.287
模糊逻辑　fuzzy logic　05.037
模糊信息　fuzzy information　01.175
模块化　modularization　04.292
* 模拟　simulation　04.545
模拟仿真　analog simulation　04.633
模拟计算机　analog computer　04.653
模拟控制　analog control　01.041
模拟模型　analog model　03.337
模拟[式]测量仪表　analog measuring instrument　04.021
模拟输出　analog output　04.236
模拟输入　analog input　04.235
模拟数据　analog data　04.234
模拟系统　analog system　01.071
模拟信号　analog signal　01.136
模拟遥测系统　analog telemetering system　04.534
模式基元　pattern primitive　05.127
模式识别　pattern recognition, PR　05.111
模数转换　analog-digital conversion, A / D conversion　04.240
模数转换器　analog-digital converter, A / D converter, ADC　04.127
模态变换　modal transformation　03.142
模态集结　modal aggregation　03.141
模态矩阵　modal matrix　03.144
模态控制　modal control　03.143
模型　model　04.560
模型逼真度　model fidelity　04.589
模型变换　model transformation　04.578
模型变量　model variable　04.562
模型参考控制系统　model reference control system　05.153
模型参考适应控制系统　model reference adaptive control system　05.152
模型分解　model decomposition　03.024
模型分析　model analysis　04.581
模型跟踪控制器　model following controller　05.146
模型跟踪控制系统　model following control system　05.147
模型简化　model simplification　03.126
模型降阶　model reduction　03.127
模型降阶法　model reduction method　03.128
模型精[确]度　model accuracy　04.590
模型库　model base, MB　03.340
模型库管理系统　model base management system, MBMS　03.341
模型评价　model evaluation　04.585
模型确认　model validation　04.587
模型设计　model design　04.586
模型实验　model experiment　04.580
模型校验　model checking　04.583
模型协调法　model coordination method　03.067
模型修改　model modification　04.582
模型验证　model verification　04.584
模型置信度　model confidence　04.588
模型装载　model loading　04.579
膜盒压力表　capsule pressure gauge　04.037
膜片压力表　diaphragm pressure gauge　04.038
末端器　end-effector　05.165
目标仿真器　target simulator　04.659
目标函数　objective function　02.279
目标驱动　goal driven　05.083
目标协调法　goal coordination method　03.069
目的论　teleology　03.258
目的系统　teleological system　03.257
目的站　destination　04.336

N

纳什最优性　Nash optimality　03.170
奈奎斯特图　Nyquist diagram　02.181
奈奎斯特稳定判据　Nyquist stability criterion　02.129

挠性航天器动力学　flexible spacecraft dynamics　04.458
脑模型　brain model　06.113
内分泌控制　hormonal control　06.102
内模原理　internal model principle　02.239
内扰　internal disturbance　01.170
内生变量　endogenous variable　06.040
内稳态　homeostasis　06.106
* 能辨识性　identifiability　02.262
* 能达集　reachable set　02.265
* 能达性　reachability　02.263
* 能达状态　reachable state　02.264
* 能观测规范型　observable canonical form　02.253
* 能观测性　observability　02.251
* 能观测性矩阵　observability matrix　02.255
* 能观测指数　observability index　02.254
能耗制动　dynamic braking　04.397
* 能检测性　detectability　02.261
* 能控规范型　controllable canonical form　02.258
* 能控性　controllability　02.256
* 能控性矩阵　controllability matrix　02.260
* 能控指数　controllability index　02.259
* 能实现性　realizability　02.250
* 能稳性　stabilizability　02.125
尼科尔斯图　Nichols chart　02.180
逆 z 变换　inverse z-transform　02.007
逆变器　inverter　04.374
逆奈奎斯特图　inverse Nyquist diagram　02.182
逆系统　inverse system　03.182
粘性阻尼　viscous damping　02.049

O

耦合系统　coupled system　03.002

P

帕德近似　Padé approximation　03.140
帕雷托最优性　Pareto optimality　03.171
排队论　queuing theory　03.264
判别函数　discriminant function　05.122
配置问题　allocation problem, assignment problem　03.266
喷气脉冲　jet pulse　04.451
喷气推进　jet propulsion　04.494
喷气姿态控制　gas jet attitude control　04.441
批处理仿真　batch processing simulation　04.638
匹配准则　matching criterion　05.130
偏差　deviation　02.096
偏差报警器　deviation alarm　04.162
偏差控制　deviation control　01.024
偏差信号　deviation signal　01.133
偏心旋转阀　rotary eccentric plug valve, Camflex valve　04.188
频带　frequency band　02.168
频分[制]遥测系统　telemetering system of frequency division type　04.541
频率响应　frequency response　01.160
频率响应特性　frequency response characteristics　01.161
频域　frequency domain　02.014
频域法　frequency domain method　02.152
频域分析　frequency domain analysis　02.150
频域模型降阶法　frequency domain model reduction method　03.139
品质因数　index of merit　03.222
平方误差积分准则　integral of squared error criterion　02.064
平衡点　equilibrium point　02.105
平衡状态　equilibrium state　02.133
平均故障间隔时间　mean time between failures, MTBF　03.322
平均无故障时间　mean time to failure, MTTF　03.321
平均修复时间　mean time to repair, MTTR　03.323

w 平面　w-plane　02.013
z 平面　z-plane　02.012
平面关节型机器人　selective compliance assembly robot arm, SCARA　05.172
平稳随机过程　stationary random process　01.180
评价函数　evaluation function　05.094
评价技术　assessment technique, evaluation technique　03.238

Q

奇异控制　singular control　03.108
奇异摄动　singular perturbation　03.050
奇异吸引子　singular attractor　03.364
奇异线性系统　singular linear system　03.107
起动　starting　04.394
启发[式]规则　heuristic rule　05.057
启发[式]搜索　heuristic search　05.058
启发[式]算法　heuristic algorithm　03.269
启发[式]推理　heuristic inference　05.059
启发[式]知识　heuristic knowledge　05.061
气-电转换器　pneumatic electric converter　04.129
气动控制　pneumatic control　04.006
气动执行机构　pneumatic actuator　04.180
气体分析器　gas analyzer　04.122
前馈　feedforward　01.123
前馈补偿　feedforward compensation　02.158
前馈控制　feedforward control　01.028
前馈通路　feedforward path　01.124
欠实时仿真　slower-than-real-time simulation　04.626
欠阻尼　underdamping　02.041
强耦合系统　strongly coupled system　03.004
强迫振荡　forced oscillation　01.172
切换点　switching point　02.164
切换时间　switching time　02.165
清晰性　clarity　04.319
情景分析法　scenario analysis method　03.218
球阀　ball valve　04.189
球形阀　globe valve　04.186
趋势法　trend method　03.220
趋势分析　trend analysis　06.055
区域规划模型　regional planning model　03.338
区域模型　regional model　06.033
驱动器　actuator　05.164
权衡分析　trade-off analysis　03.229
全阶观测器　full order observer　02.246
全局渐近稳定性　global asymptotic stability　02.137
全局决策者　global decision maker　03.118
全局数据库　global data base　04.222
全局协调者　global coordinator　03.121
全局最优　global optimum　03.281
全面质量管理　total quality control, TQC　03.329
全球模型　global model, world model　06.031
确定性控制系统　deterministic control system　01.052
确定性模型　deterministic model　03.332
确定性自动机　deterministic automaton　05.011
群决策　group decision　03.299

R

扰动　disturbance　01.168
扰动补偿　disturbance compensation　02.285
扰动解耦　disturbance decoupling　02.284
热电偶　thermocouple　04.029
热电阻　resistance thermometer sensor　04.030
* 人工数据输入编程　manual data input programming　05.185
人工智能　artificial intelligence, AI　05.021
人机交互　man-machine interaction　05.106
人机界面　man-machine interface　04.311
人机控制　man-machine control　04.309

人机系统　man-machine system　03.367
人机协调　man-machine coordination　04.310
人口控制论　population cybernetics　06.089
任务分配　task allocation　06.072
任务协调　task coordination　03.042
任务优化　task optimization　06.071
认知机　cognitron　06.115
认知科学　cognitive science　05.026
容许误差　admissible error　02.086
冗余信息　redundant information　03.241
柔顺　compliance　05.194
柔性制造系统　flexible manufacturing system, FMS　04.326
入轨姿态　injection attitude　04.428
软件测试　software testing　04.295
软件测试计划　software testing plan　04.296
软件工具　software tool　04.315
软件环境　software environment　04.314
软件心理学　software psychology　04.324
软约束　soft constraint　03.286
弱耦合系统　weakly coupled system　03.003

S

三位控制器　three state controller, three step controller　04.141
三重调制遥测系统　triple modulation telemetering system　04.539
三轴转台　three-axle table　04.677
三轴姿态稳定　three-axis attitude stabilization　04.435
上级问题　upper level problem　03.063
上升时间　rise time　02.054
上下文敏感文法　context-sensitive grammar　05.007
上下文无关文法　context-free grammar　05.006
摄动理论　perturbation theory　03.049
摄动系统　perturbed system　03.052
射频敏感器　radio frequency sensor　04.479
社会经济系统　socioeconomic system　03.252
社会控制论　socio-cybernetics　06.088
设定值　set [point] value　01.128
设计自动化　design automation　04.268
深度优先搜索　depth-first search　05.076
神经集合　neural assembly　06.111
神经控制　neural control　06.101
神经控制论　neuro-cybernetics　06.109
神经网络　neural network　06.112
神经网络计算机　neural network computer　05.102
生产函数　production function　06.059
生产预算　production budget　06.061
＊生产自动化协议　manufacturing automation protocol, MAP　04.327
生成函数　generation function　05.093
生命周期分析　life cycle analysis　03.370
生物反馈　biofeedback　06.093
生物反馈系统　biological feedback system　06.094
生物节律　biorhythm　06.104
生物控制论　biocybernetics　06.091
生物控制系统　biological control system　06.092
生物系统模型　biological system model　06.095
失效率　failure rate　03.319
失协调　discoordination　03.045
施塔克尔贝格决策理论　Stackelberg decision theory　03.289
时变参数　time-varying parameter　02.004
时变系统　time-varying system　01.059
时分[制]遥测系统　telemetering system of time division type　04.542
时间比例尺　time scale factor　04.566
时间常数　time constant　02.040
时间乘绝对误差积分准则　integral of time multiplied by the absolute value of error criterion　02.067
时间乘平方误差积分准则　integral of time multiplied by squared error criterion　02.065
时间乘误差积分准则　integral of time multiplied by the error criterion　02.068
时间序列分析　time series analysis　03.228

时间最优控制　time optimal control　02.280
时矩匹配法　moment matching method　03.131
时序控制器　time schedule controller　04.150
时延　time delay　02.051
时域　time domain　02.009
时域法　time domain method　02.153
时域分析　time domain analysis　02.151
时域矩阵　time domain matrix　02.235
时域矩阵法　time domain matrix method　02.236
时域模型降阶法　time domain model reduction method　03.138
时滞系统　time delay system　01.070
实际位姿　attained pose　05.176
实际位姿漂移　attained pose drift　05.201
实时仿真　real time simulation　04.624
实时仿真算法　real time simulation algorithm　04.618
实时控制　real time control　04.211
实时数据处理　real time data processing　04.257
实时系统　real time system　04.212
实时遥测　real time telemetry　04.528
实时遥控　real time remote control　04.526
实时专家系统　real time expert system　05.030
始发站　originator　04.335
示教编程　teaching programming　05.186
示教再现式机器人　playback robot　05.160
* 世界模型　global model, world model　06.031
事件链　event chain　03.365
事实库　fact base　05.063
适应层　adaptation layer　03.175
适应控制器　adaptive controller　05.151
适应控制系统　adaptive control system　05.150
适应滤波　adaptive filtering　02.318
适应遥测系统　adaptive telemetering system　04.535
适应预报　adaptive prediction　02.322
收听站　listener　04.337
收益成本分析　benefit-cost analysis　06.078
手动操作器　manual station　04.164
手动数据输入编程　manual data input programming　05.185
手动运转方式　manual operating mode　05.196
守恒系统　conservative system　03.199
* 受控变量　controlled variable　01.127
受役系统　slaved system　03.200
输出反馈　output feedback　01.116
输出方程　output equation　02.219
输出矩阵　output matrix　02.220
* 输出矢量　output vector　01.132
输出误差　output error　02.084
输出向量　output vector　01.132
输出[信号]　output [signal]　01.131
输出预估法　output prediction method　03.072
输入矩阵　input matrix　02.218
* 输入矢量　input vector　01.130
输入输出通道　input-output channel, I/O channel　04.232
输入输出稳定性　input-output stability　02.138
输入向量　input vector　01.130
输入[信号]　input [signal]　01.129
输入预估法　input prediction method　03.071
数据采集　data acquisition　04.260
数据处理　data processing　04.254
数据处理器　data processor　04.256
数据处理系统　data processing system　04.255
数据传递　data transfer　04.246
数据记录　data logging　04.261
数据记录装置　data logger　04.135
数据加密　data encryption　04.252
数据库　data base, DB　03.342
数据库管理系统　data base management system, DBMS　03.343
数据流图　data flow diagram, DFD　04.293
数据驱动　data driven　05.082
数据通信　data communication　04.244
数据预处理　data preprocessing　04.259
数量经济模型　numerical economic model　06.037
数模转换　digital-analog conversion, D/A

conversion 04.241
数模转换器 digital-analog converter, D/A converter, DAC 04.128
数学仿真 mathematical simulation 04.620
数学模型 mathematical model 02.001
数学相似 mathematical similarity 04.568
数值控制 numerical control, NC 04.207
数字补偿 digital compensation 04.228
数字反馈系统 digital feedback system 02.195
数字仿真 digital simulation 04.632
数字仿真计算机 digital simulation computer 04.654
数字化 digitization 04.225
数字化仪 digitizer 04.242
数字控制 digital control 01.042
数字控制器 digital controller 04.226
数字控制系统 digital control system 01.049
数字滤波器 digital filter 04.229
数字模拟仿真器 digital-analog simulator 04.665
[数字模拟]混合计算机 [digital-analog] hybrid computer 04.655
数字[式]测量仪表 digital measuring instrument 04.022
数字输出 digital output 04.239
数字输入 digital input 04.238
数字数据 digital data 04.237
数字数据采集系统 digital data acquisition system 04.218
数字数据处理系统 digital data processing system 04.217
数字通信 digital communication 04.245
数字系统 digital system 01.072
数字信号 digital signal 01.137
数字信号处理 digital signal processing 04.249
数字信息处理系统 digital information processing system 04.219
数字遥测系统 digital telemetering system 04.531
双重调制遥测系统 dual modulation telemetering system 04.538
双环协调策略 double loop coordination strategy 03.115
双时标系统 two-time scale system 03.054
双线性系统 bilinear system 01.080
双向推理 bidirection reasoning 05.045
双自旋稳定 dual spin stabilization 04.437
双自由度陀螺 double degree of freedom gyro 04.487
瞬态偏差 transient deviation 02.098
瞬态误差 transient error 02.082
* 顺控系统 sequential control system 04.363
顺序分解 sequential decomposition 03.030
顺序控制 sequential control 04.362
顺序控制器 sequential controller 04.151
顺序控制系统 sequential control system 04.363
顺序优化 sequential optimization 03.173
* 顺应 compliance 05.194
思维科学 noetic science 05.025
死区 dead band, dead zone 01.098
伺服电机 servomotor 04.178
伺服阀 servo valve 04.172
伺服控制 servo control 01.044
伺服马达 servomotor 04.176
伺服系统 servo [system] 01.057
搜索技术 search technique 03.273
速度传感器 velocity transducer 04.117
速度反馈 velocity feedback 01.117
速度误差 velocity error 02.088
速度误差系数 velocity error coefficient 02.094
速率积分陀螺 rate integrating gyro 04.488
* 随动控制 servo control 01.044
* 随动系统 servo [system] 01.057
随机过程 random process 01.176
随机控制理论 stochastic control theory 01.016
随机控制系统 stochastic control system 01.054
随机扰动 random disturbance 01.179
随机事件 random event 03.284
随机文法 stochastic grammar 05.013
随机下推自动机 stochastic pushdown automaton 05.014

随机信号 random signal 01.177
随机有限自动机 stochastic finite automaton 05.012
随机噪声 random noise 01.178

T

泰勒制 Taylor system 03.368
太阳帆板指向控制 solar array pointing control 04.444
太阳仿真器 sun simulator 04.663
太阳敏感器 sun sensor 04.477
特殊仿真技术 special simulation technique 04.636
特征抽取 feature extraction 05.129
特征轨迹 characteristic locus 02.230
特征检测 feature detection 05.128
梯形图 ladder diagram 04.231
天平动阻尼 libration damping 04.440
天线指向控制 antenna pointing control 04.445
条件不稳定性 conditional instability 02.115
条件稳定系统 conditionally stable system 02.107
条件稳定性 conditional stability 02.114
调节 regulation 02.193
调节单元 regulating unit 04.159
调节装置 regulating device 04.158
调频-调频遥测系统 FM-FM telemetering system 04.540
调速电气传动 adjustable speed electric drive 04.349
调速系统 speed control system 01.056
通断控制 on-off control 01.027
通用解题者 general problem solver, GPS 05.031
同构模型 isomorphic model 03.361
同态模型 homomorphic model 03.359
统计分析 statistical analysis 06.054
统计控制 statistical control 06.007
统计模式识别 statistic pattern recognition 05.113
统计模型 statistic model 04.608
统计特性 statistic characteristics 02.166
统计预测 statistical forecast 06.053
投入产出表 input-output table 06.074
投入产出分析 input-output analysis 06.073
投入产出模型 input-output model 06.075
投资搭配理论 portfolio theory 06.086
投资决策 investment decision 06.029
* 头脑风暴法 brainstorming method 03.216
突变论 catastrophe theory 03.356
突触可塑性 synaptic plasticity 06.121
图灵机 Turing machine 05.001
图灵实验 Turing test 05.002
图论 graph theory 03.346
图搜索 graph search 05.078
图象识别 image recognition 05.136
图形库 graphic library 05.062
推理策略 inference strategy 05.041
推理机 inference engine 05.039
推理模型 inference model 05.040
推理网络 reasoning network 05.043
推力 thrust 04.496
推力器 thruster, jet 04.493
推力矢量控制系统 thrust vector control system 04.515
* 脱机处理 off-line processing 04.265
陀螺 gyro 04.482
陀螺罗盘 gyrocompass 04.483
陀螺漂移率 gyro drift rate 04.491
陀螺体 gyrostat 04.463
陀螺仪 gyroscope 04.485
椭圆齿轮流量计 oval wheel flowmeter 04.054
拓扑结构 topological structure 02.039

W

外扰 external disturbance 01.169
外生变量 exogenous variable 06.041

外形结构仿真　configuration simulation　04.622
完全可观测性　complete observability　02.252
完全可控性　complete controllability　02.257
*完全能观测性　complete observability　02.252
*完全能控性　complete controllability　02.257
网络技术　network technique　03.350
网络模型　network model　03.354
微分动力学系统　differential dynamical system　03.214
微分对策　differential game　03.308
微分反馈　derivative feedback　01.120
微分方程模型　differential equation model　04.602
微分环节　differentiation element　01.090
微分控制　derivative control　01.034
微分控制器　derivative controller, D controller　04.145
微观经济模型　micro-economic model　06.035
微观经济系统　micro-economic system　06.021
维纳滤波　Wiener filtering　02.317
伪速率增量控制　pseudo-rate-increment control　04.447
伪随机序列　pseudo random sequence　02.288
位移传感器　displacement transducer　04.086
位移计　displacement meter　04.092
位移振幅传感器　displacement vibration amplitude transducer　04.120
位置测量仪　position measuring instrument　04.095
位置传感器　position transducer　04.094
位置反馈　position feedback　01.119
位置误差　position error　02.087
位置误差系数　position error coefficient　02.093
位姿　pose　05.174
位姿过调量　pose overshoot　05.203
位姿精[确]度　pose accuracy　05.199
位姿可重复性　pose repeatability　05.200
位姿稳定时间　pose stabilization time　05.202
谓词逻辑　predicate logic　05.034
温度变送器　temperature transmitter　04.031
温度测量仪表　temperature measurement instrument　04.026
温度传感器　temperature transducer, temperature sensor　04.028
温度计　thermometer　04.027
温度开关　temperature switch　04.033
温度控制器　temperature controller　04.032
文法推断　grammatical inference　05.126
纹理　texture　05.133
*稳定　stabilization　03.022
稳定系统　stable system　02.106
稳定性　stability　02.103
稳定性分析　stability analysis　02.102
稳定[性]极限　stability limit　02.111
稳定性理论　stability theory　02.108
稳定[性]判据　stability criterion　02.126
稳定[性]条件　stability condition　02.110
*稳定[性]准则　stability criterion　02.126
稳定域　stable region　02.109
稳定裕度　stability margin　02.070
*稳定裕量　stability margin　02.070
稳态　steady state　01.158
稳态偏差　steady state deviation　02.099
稳态误差　steady state error　02.081
稳态误差系数　steady state error coefficient　02.092
稳态响应　steady state response　01.152
稳态值　steady state value　01.159
问答式　question and answer mode　04.305
涡街流量计　vortex shedding flowmeter　04.058
涡轮流量计　turbine flowmeter　04.056
无偏估计　unbiased estimation　02.313
无穷维系统　infinite dimensional system　03.098
无序　disorder　03.201
物景分析　scene analysis　05.135
物理仿真　physical simulation　04.621
物理符号系统　physical symbol system　05.070
物理建模　physical modeling　04.574
物理模型　physical model　04.591

物理相似 physical similarity 04.569
物位变送器 level transmitter 04.075
物位测量仪表 level measurement instrument 04.067
物位传感器 level transducer 04.074
物位开关 level switch 04.077
物位控制器 level controller 04.076
误差 error 02.078
误差传递函数 error transfer function 02.017
误差控制 error control 01.023
误差系数 error coefficient 02.090
误差信号 error signal 01.134

X

吸引子 attractor 03.205
希望特性 expected characteristics 02.073
希望值 desired value, expected value 02.076
系数矩阵 coefficient matrix 02.217
系统 system 01.003
* 2D 系统 two dimensional system, 2D system 03.096
系统辨识 system identification 02.297
系统参数 system parameter 02.003
系统动力学 system dynamics 03.211
系统动力学模型 system dynamics model 03.212
系统方法 system approach 03.208
系统仿真 system simulation 04.546
系统分解 system decomposition 03.025
系统分析 system analysis 03.207
系统工程 systems engineering 03.206
系统规划 system planning 03.248
系统环境 system environment 03.249
系统集结 system aggregation 03.112
系统建模 system modeling 03.330
系统矩阵 system matrix 02.222
系统可靠性 system reliability 03.314
系统可维护性 system maintainability 03.315
系统理论 system theory 01.010
系统灵敏度 system sensitivity 02.075
系统模型 system model 02.002
* 系统模型化 system modeling 03.330
系统评价 system assessment, system evaluation 03.210
系统同构 system isomorphism 03.251
系统同态 system homomorphism 03.250
系统统计分析 system statistical analysis 02.167
系统误差 system error 02.079
系统学 systematology 03.184
系统诊断 system diagnosis 03.369
系统状态 system state 02.204
系统[最]优化 system optimization 02.269
下级问题 lower level problem 03.064
下推自动机 pushdown automaton 05.009
先验估计 *a priori* estimate 03.267
显示仪表 display instrument 04.132
现场总线 field bus 04.243
现代控制理论 modern control theory 01.015
线性调节器 linear regulator 02.283
线性定常控制系统 linear time-invariant control system 01.062
线性二次型调节器问题 linear quadratic regulator problem, LQR 02.276
线性二次型高斯问题 linear quadratic Gaussian problem, LQG 02.275
线性规划 linear programming 03.261
线性化 linearization 02.147
线性化方法 linearization technique 02.035
线性化模型 linearized model 02.033
线性环节 linear element 01.084
线性控制系统 linear control system 01.050
线性控制系统理论 linear control system theory 01.012
线性时变控制系统 linear time-varying control system 01.061
线性适应元 adaptive linear element, adaline 06.118
线性系统仿真 linear system simulation 04.555
线性预报 linear prediction 02.320
线性最优控制系统 linear optimal control system 02.274
相伴矩阵 companion matrix 02.226

相变量　phase variable　02.189
相对稳定性　relative stability　02.113
相轨迹　phase locus, phase trajectory　02.187
相空间　phase space　02.188
相频特性　phase-frequency characteristics　02.173
相平面　phase plane　02.186
相平面图　phase plane portrait　02.190
相容性　compatibility　03.230
相容原理　compatibility principle　03.231
相似性　similarity　04.567
相位超前　phase lead　02.154
相位响应　phase response　01.163
相位裕度　phase margin　02.072
＊相位裕量　phase margin　02.072
相位滞后　phase lag　02.155
响应曲线　response curve　01.150
响应时间　response time　02.060
响应站　responder　04.338
向量李雅普诺夫函数　vector Lyapunov function　03.122
销售预测　sales forecast　06.052
消费函数　consumption function　06.060
消旋体　despinner　04.464
＊小回路　minor loop　01.107
效益理论　effectiveness theory　03.223
效用函数　utility function　03.255
效用理论　utility theory　03.224
协调　coordination　03.033
协调策略　coordination strategy　03.113
协调控制　coordination control　03.105
协调器　coordinator　03.044
协调系统　coordination system　03.104
协同学　synergetics　03.185
协议工程　protocol engineering　04.329
斜坡函数　ramp function　01.143
斜坡响应　ramp response　01.155
信号持续时间　signal duration　04.251
信号处理　signal processing　04.248
信号检测和估计　signal detection and estimation　04.250
信号流[程]图　signal flow diagram　02.037
信号器　annunciator　04.163
信号选择器　signal selector　04.168
信号重构　signal reconstruction　04.253
信号转换器　signal converter　04.126
信息采集　information acquisition　03.245
信息结构　information structure　03.159
信息模式　information pattern　03.156
星敏感器　star sensor　04.478
0 型系统　type 0 system　01.075
1 型系统　type 1 system　01.076
2 型系统　type 2 system　01.077
形式神经元　formal neuron　06.110
形式语言　formal language　05.003
形式语言理论　formal language theory　05.004
行为科学　behavioural science　03.366
需求弹性　elasticity of demand　06.062
序参数　order parameter　03.204
序贯最小二乘估计　sequential least squares estimation　02.302
旋进流量计　vortex precession flowmeter, swirlmeter　04.057
旋塞阀　plug valve　04.191
旋转变压器　rotating transformer　04.204
选单选择式　menu selection mode　04.306
学习矩阵　learning matrix　06.117
学习系统　learning system　05.101
循环遥控　cyclic remote control　04.530
训练仿真器　training simulator　04.666

Y

压电式力传感器　piezoelectric force transducer　04.108
压力变送器　pressure transmitter　04.043
压力表　pressure gauge　04.036
压力测量仪表　pressure measurement instrument　04.034
压力传感器　pressure transducer, pressure sensor　04.042
压力开关　pressure switch　04.045
压力控制器　pressure controller　04.044

压力真空表 combined pressure and vacuum gauge 04.035
延迟时间 delay time 02.061
* 延时 delay time 02.061
延时遥测 delayed telemetry 04.527
演绎建模法 deductive modeling method 04.575
演绎与归纳混合建模法 deductive-inductive hybrid modeling method 04.577
验收测试 acceptance testing 04.304
仰角 elevation 04.510
腰轮流量计 Roots flowmeter 04.055
遥测 telemetry 04.518
遥测通信系统 telemetering communication system 04.537
遥测遥控系统 telemetering and remote control system 04.543
遥调 remote regulating 04.521
遥感 remote sensing 04.520
遥控 remote control 04.519
遥控操作器 remote manipulator 04.523
遥控指令 remote control command 04.522
冶金自动化 metallurgical automation 04.016
液动控制 hydraulic control 04.007
液动执行机构 hydraulic actuator 04.182
液压步进马达 hydraulic step motor 04.175
* 液压控制 hydraulic control 04.007
液压马达 hydraulic motor 04.174
一般均衡理论 general equilibrium theory 06.064
一般均衡模型 general equilibrium model 06.065
一般系统理论 general system theory 01.011
一阶谓词逻辑 first order predicate logic 05.035
一致渐近稳定性 uniformly asymptotic stability 02.135
一致稳定性 uniform stability 02.134
一致性 consistency 03.233
遗忘因子 forgetting factor 02.323
移动式机器人 mobile robot 05.161
易读性 readability 04.322
役使原理 slaving principle 03.188
异常停止 emergency stop 05.197
隐蔽振荡 hidden oscillation 01.157
应变式称重传感器 strain gauge load cell 04.112
影子价格 shadow price 06.082
用户友好界面 user-friendly interface 04.312
优化层 optimization layer 03.176
优先性 priority 03.237
有限自动机 finite automaton 05.010
有效性 effectiveness 03.234
有序 order 03.202
与或图 and / or graph 05.092
语义网络 semantic network 05.050
语音识别 speech recognition 05.134
s 域 s-domain 02.010
z 域 z-domain 02.011
预报模型 forecasting model 03.334
预测控制 predictive control 02.296
* 预测模型 forecasting model 03.334
元规则 meta-rule 05.052
元知识 meta-knowledge 05.053
原系统 original system 01.081
原型 prototype 04.559
原型变量 prototype variable 04.561
原型过程时间 prototype process time 04.563
圆柱坐标型机器人 cylindrical robot 05.169
源[点] source 03.353
远程设定点调整器 remote set point adjuster 04.157
远程通信 telecommunication 04.544
远动学 telemechanics 04.517
约束条件 constraint condition 02.278
运筹学 operations research 03.263
运筹学模型 operational research model 04.598
运动仿真器 motion simulator 04.658
运动控制系统 motion control system 04.356

Z

再定向　reorientation　04.416
再入控制　reentry control　04.408
＊再生制动　regenerative braking　04.398
再现性　reproducibility　03.192
在线帮助　on-line assistence　04.308
在线处理　on-line processing　04.264
在线系统仿真　on-line system simulation　04.557
暂态特性曲线　transient process characteristic curve　04.388
噪声电平　noise level　01.171
增广系统　augmented system　03.106
增控系统　control augmentation system　04.516
增量测试　incremental testing　04.303
增量控制　incremental control　04.208
增量运动控制系统　incremental motion control system　04.357
闸阀　gate valve　04.192
章动敏感器　nutation sensor　04.454
章动阻尼　nutation damping　04.453
张力计　tensiometer　04.109
涨落　fluctuation　03.203
真实系统　real system　04.572
诊断模型　diagnostic model　06.097
振荡次数　number of oscillations　02.058
振荡环节　oscillating element　01.091
振荡周期　oscillating period　02.059
振动传感器　vibration transducer　04.119
振动计　vibrometer　04.121
振弦式力传感器　vibrating wire force transducer　04.106
镇定　stabilization　03.022
镇定网络　stabilizing network　02.248
整流器　rectifier　04.373
整体分析　global analysis　03.226
整体性　integrity　03.197
正反馈　positive feedback　01.110
正系统　positive system　06.042
正向通路　forward path　01.108
正向推理　forward reasoning　05.044
知识表达　knowledge representation　05.049
知识辅助协议自动化　knowledge aided protocol automation　04.330
知识工程　knowledge engineering　05.023
知识获取　knowledge acquisition　05.048
知识库　knowledge base, KB　05.066
知识库管理系统　knowledge base management system, KBMS　05.067
知识模型　knowledge model　05.054
知识顺应　knowledge accomodation　05.056
知识同化　knowledge assimilation　05.055
知识推理　knowledge inference　05.047
直角坐标型机器人　rectangular robot, Cartesian robot　05.168
直接法　direct method　03.068
直接控制层　direct control layer　03.178
直接数字控制　direct digital control, DDC　04.206
直接协调　direct coordination　03.038
直流电气传动　direct current electric drive, dc electric drive　04.345
直流发电机-电动机组传动　dc generator-motor set drive　04.353
直线[运动]电气传动　linear motion electric drive　04.352
直行程阀　linear motion valve　04.184
执行机构　actuator　04.179
指挥站　director　04.340
指令级语言　instruction level language　05.188
指令位姿　command pose　05.175
指令遥控　remote command control　04.529
指令语言式　command language mode　04.307
指示仪　indicator　04.133
指向精[确]度　pointing accuracy　04.452
制导系统　guidance system　04.406
制动　braking　04.395
制造自动化协议　manufacturing automation

protocol, MAP 04.327
智暴法 brainstorming method 03.216
智能仿真 intelligent simulation 05.143
智能管理 intelligent management 05.139
智能管理系统 intelligent management system 05.140
智能化仿真软件 intellectualized simulation software 04.679
智能机器 intelligent machine 05.141
智能机器人 intelligent robot 05.163
智能计算机 intelligent computer 05.022
智能决策支持系统 intelligent decision support system, IDSS 05.110
智能控制 intelligent control 05.137
智能控制系统 intelligent control system 05.138
智能系统 intelligent system 05.024
智能系统模型 intelligent system model 04.599
智能仪表 intelligent instrument 05.142
智能终端 intelligent terminal 04.313
质量管理 quality control,QC 03.328
滞后补偿 lag compensation 02.161
滞后超前补偿 lag-lead compensation 02.163
*滞后环节 integration element 01.089
滞后网络 lag network 04.202
治疗模型 therapy model 06.098
中期规划 medium term planning 06.057
终端控制 terminal control 02.281
终态 final state 02.207
重力梯度力矩 gravity gradient torque 04.455
重力梯度稳定 gravity gradient stabilization 04.439
周期工作制 periodic duty 04.386
蛛网模型 cobweb model 06.039
逐步精化 stepwise refinement 04.291
主成分分析法 principal component analysis, PCA 03.219
主导极点 dominant pole 02.021
主动姿态稳定 active attitude stabilization 04.433
主反馈 primary feedback 01.112
主观概率 subjective probability 03.285
主回路 major loop 01.106
主频区 primary frequency zone 02.169
主协调 primal coordination 03.035
主站 master station 04.333
专家管理系统 expert management system 06.016
专家控制 expert control 05.144
专家系统 expert system, ES 05.029
转换文法 transformation grammar 05.017
转矩传感器 torque transducer 04.102
转速表 tachometer 04.100
转速传感器 revolution speed transducer 04.096
转移图 transition diagram 05.016
转折频率 corner frequency 02.170
*转子流量计 float flowmeter, rotameter 04.053
状态 state 02.203
状态变量 state variable 02.213
状态变量变换 transformation of state variable 02.214
状态反馈 state feedback 02.243
状态方程 state equation 02.216
状态方程模型 state equation model 04.605
状态估计 state estimation 02.249
状态观测器 state observer 02.245
状态轨迹 state trajectory 02.209
状态空间 state space 02.210
状态空间法 state space method 02.212
状态空间描述 state space description 02.211
状态图 state diagram 02.208
状态向量 state vector 02.221
状态约束 state constraint 02.205
状态转移矩阵 state transition matrix 02.223
状态转移模型 state transition model 04.607
准线性特性 quasilinear characteristics 02.148
资源分配 resource allocation 06.069
资源协调 resource coordination 03.041
资源优化 resource optimization 06.070
姿态捕获 attitude acquisition 04.413
姿态参数 attitude parameter 04.417
姿态测量 attitude measurement 04.419

姿态重构　attitude reconstruction　04.426
姿态动力学　attitude dynamics　04.457
姿态轨道控制电路　attitude and orbit control electronics, AOCE　04.448
姿态和轨道控制系统　attitude and orbit control system, AOCS　04.404
姿态机动　attitude maneuver　04.414
姿态角　attitude angle　04.430
姿态角速度　attitude angular velocity　04.431
姿态控制　attitude control　04.402
姿态控制[规]律　attitude control law　04.466
姿态控制精[确]度　attitude control accuracy 04.450
姿态敏感器　attitude sensor　04.474
姿态漂移　attitude drift　04.424
姿态确定　attitude determination　04.420
姿态扰动　attitude disturbance　04.425
姿态稳定　attitude stabilization　04.432
姿态误差　attitude error　04.422
姿态预测　attitude prediction　04.421
姿态运动　attitude motion　04.423
子系统　subsystem　03.021
自编程　self-programming　05.098
自持振荡　sustained oscillation　01.156
自动程序设计　automatic programming 05.074
自动飞行控制系统　automatic flight control system　04.512
自动跟踪　automatic tracking　04.392
自动化　automation　01.004
自动机　automaton　05.008
自动驾驶仪　autopilot　04.513
自动控制　automatic control　01.001
自动控制系统　automatic control system 01.045
自动-手动操作器　automatic manual station 04.165
自动数据处理　automatic data processing 04.258
自动运转方式　automatic operating mode 05.195
自动着陆系统　automatic landing system 04.514
自繁殖系统　self-reproducing system　06.124
自规划　self-planning　05.097
自校正　self-tuning　05.148
自校正控制　self-tuning control　05.149
自力式控制器　self-operated controller 04.156
自然语言理解　natural language understanding 05.071
自然语言生成　natural language generation 05.072
自上而下测试　top-down testing　04.288
自上而下开发　top-down development 04.286
自调整　self-regulating　05.099
自下而上测试　bottom-up testing　04.289
自下而上开发　bottom-up development 04.287
自修复　self-repairing　05.100
自旋体　spinner　04.462
自旋稳定　spin stabilization　04.436
自旋轴　spin axis　04.465
自学习　self-learning　05.095
自寻优控制　self-optimizing control　05.145
自寻优系统　self-optimizing system　02.267
自治系统　autonomous system　03.102
自主导航　autonomous navigation　04.407
自主位置保持　autonomous station keeping 04.412
* 自主系统　autonomous system　03.102
自组织　self-organizing　05.096
自组织层　self-organization layer　03.177
自组织系统　self-organizing system　06.123
* 综合测试　integration testing　04.302
综合数据库　global data base　05.065
总体设计　overall design　03.243
纵向分解　vertical decomposition　03.027
阻尼比　damping ratio　02.045
阻尼常数　damping constant　02.044
阻尼频率　damped frequency　02.043
阻尼器　damper　04.169
阻尼振荡　damped oscillation　02.047
阻尼作用　damping action　02.046
组合爆炸　combinatorial explosion　05.032
组合决策　combination decision　06.027
组合控制　composite control　03.101

组态　configuration　04.230
组织机构图　organization chart　06.090
组织理论　organization theory　03.358
最大超调[量]　maximum overshoot　02.057
最大空间　maximum space　05.181
最大利润规划　maximum profit programming　06.085
最大似然估计　maximum likelihood estimation　02.299
最大允许偏差　maximum allowed deviation　02.062
＊最大值原理　maximum principle　02.272
最低储备　minimum reserve　06.083
最低回收率　lowest rate of return　06.080
最低收益率　minimum rate of benefit　06.081
最短路径问题　shortest path problem　03.351
最佳优先搜索　best-first search　05.077
最近邻　nearest-neighbor　05.131
最经济观测　most economic observing, MEO　02.294
最经济观测理论　most economic observing theory　02.295
最经济控制　most economic control, MEC　02.292
最经济控制理论　most economic control theory　02.293
最小成本规划　minimum cost programming　06.084
最小成本投入　least cost input　06.079
最小定位时间　minimum positioning time　05.206
最小二乘估计　least squares estimation　02.301
最小二乘准则　least squares criterion　02.311
最小方差估计　minimum variance estimation　02.300
最小风险估计　minimum risk estimation　03.326
最小实现　minimal realization　02.240
最小相位系统　minimum phase system　01.078
最优策略　optimal strategy　03.311
最优估计　optimal estimation　02.305
最优轨迹　optimal trajectory　02.273
[最]优化　optimization　02.268
最优化技术　optimization technique　03.278
最优解　optimal solution　03.279
最优决策问题　optimal decision problem　03.291
最优控制　optimal control　02.266
最优控制理论　optimal control theory　01.017
最优控制律　optimal control law　02.270
最优控制系统　optimal control system　01.058
最优线性滤波　optimal linear filtering　02.319
最优性原理　optimality principle　02.271
作业程序　task program　05.184
作业级语言　task level language　05.190
作业空间　working space　05.182
作业周期　task cycle　05.198